Vuelo Nocturno

AF866897

Aviation Bookstore
aviation step by step

Editado y publicado por Aviation Bookstore ®

El contenido de este libro se desarrolla con fines educativos y de formación profesional. Texto original de autoría humana.

Introducción

La habilitación de vuelo nocturno se basa, pura y exclusivamente, en las capacidades de un piloto para adaptarse a un vuelo sin visibilidad, en en situaciones de visibilidad ajenas a las habituales que pueda experimentar durante el día. El vuelo nocturno y el vuelo instrumental guardan una gran similitud, ya que el piloto deberá basar su vuelo en la comprensión de la información de los instrumentos de control y navegación, y ser consciente de las sensaciones erróneas que pueda generar el cuerpo ante un escenario confuso, como puede ser volar en la oscuridad total, aproximar a un aeropuerto muy iluminado dentro de una zona completamente oscura, volar sobre inmensas ciudades iluminadas, o simplemente realizar la operación en tierra con las luces de pista y calles de rodaje.

Todas estas situaciones presentan un cierto grado de confusión a quienes no tengan las herramientas necesarias para comprender el entorno de vuelo, un entorno ajeno al cotidiano que pondrá a prueba todos tus sentidos.

Esta obra te dará todas las herramientas para que puedas realizar una operación segura y eficiente dentro de un entorno hostil, como puede ser el vuelo nocturno.

Capt. Facundo Conforti

Biblioteca Aeronáutica

aviación en simples pasos

Índice

Capítulo 4 – Fisiología humana en vuelos nocturnos

Capítulo 5 – Meteorología básica

Capítulo 6 – Factores humanos en la cabina

Aviation Bookstore
aviation step by step

Capítulo 1

Sistema de luces en aeropuertos

Aviation Bookstore
aviation step by step

Sistema de luces

El sistema de luces de un aeropuerto es una de las bases de la seguridad operacional. El organismo encargado de estandarizar este sistema es la OACI (organización de aviación civil internacional). Con el objeto de qué un aeropuerto sea habilitado para operaciones nocturnas u operaciones con visibilidad reducida, se establecen una serie de sistemas de iluminación estándar para todas las zonas del aeródromo, incluyendo la zona de la aproximación visual a la pista.

El sistema de iluminación de un aeropuerto se basa en la complejidad de su arquitectura, y en función a ella se planifica un determinado sistema de iluminación acorde a las necesidades de este aeropuerto.

El sistema de iluminación o "balizamiento" de un aeropuerto esta compuesto por una determinada cantidad de "balizas" de diferentes colores para cada zona, considerando las siguientes:

- Luces de pista
- Luces de calles de rodaje
- Luces de aproximación final
- Luces de plataforma

Las balizas están ubicadas sobre la superficie del pavimento, pudiendo ser en forma de lámpara de pie, o en forma de mina bajo el pavimento.

Como normal general, el código de colores estandarizado incluye: verde, rojo, amarillo, azul y blanco y se aplican para cada una de las zonas mencionadas.

Luces de pista

El sistema de luces de pista guía al piloto durante la carrera de despegue y aterrizaje. Éste sistema de luces ofrece diferentes tipos de información, desde la distancia remanente de pista, hasta la indicación de la zona de toma de contacto o "touchdown zone".

Cada segmento de la pista posee su propio sistema de luces basado en un código de colores determinado. Cada uno de estos segmentos posee un nombre propio y su sistema de iluminación es independiente del resto, es decir, que ante la falla de uno de ellos, el resto seguirá trabajando normalmente.

El sistema de luces de pista, posee tres niveles de intensidad, baja, mediana y alta. La intensidad es operada desde la torre de control y puede ser modificada a requerimiento del piloto, en función a las condiciones meteorológicas al momento de la operación.

Luces de borde de pista

Las luces de borde de pista incluyen las luces de los laterales de la pista y las luces de la línea central de la pista. Este sistema de luces posee tres niveles de intensidad. Baja intensidad o LIRL (light intensity runway light). Intensidad media o MIRL (medium intensity runway light). Intensidad alta o HIRL (high intensity runway light). Este sistema de luces es de color blanco, excepto las luces laterales en los últimos 600 metros donde se representan de color amarillo.

LIRL - MIRL - HIRL

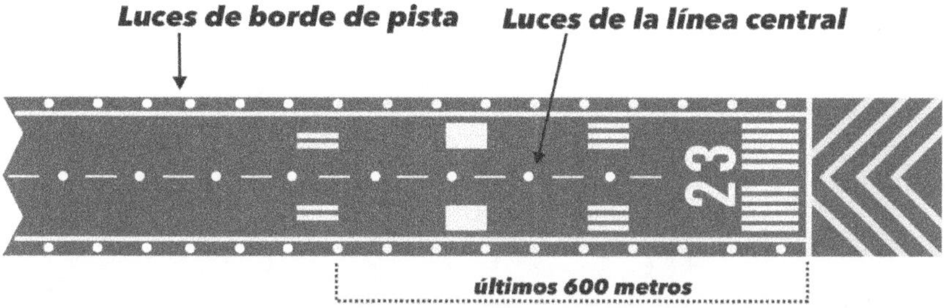

Luces de zona de toma de contacto

Las luces de la zona de contacto o la touchdown zone se conocen como TDZL (touchdown zone lights) y se establecen para pistas habilitadas para operaciones ILS categorías II y III. Este sistema de luces inicia en el umbral de pista y se extienden hasta los primeros 900 metros de longitud de la pista. Son balizas en forma de minas ubicadas bajo el pavimento e iluminan la zona de color blanco.

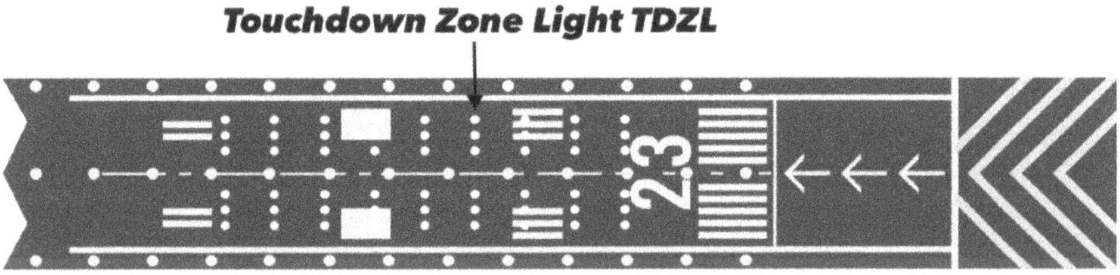

Luces del eje central para ILS

Las luces del eje central de la pista para operaciones ILS ofrecen una guía para todas las operaciones ILS categorías II y III, o bien para los procedimientos de despegue donde el valor de RVR sea inferior a 400 metros. Estas luces centrales de pista o RCL (runway center line) van de umbral a umbral, considerando principalmente el color blanco, salvo en los últimos 900 metros donde interactúan luces blancas y rojas indicando que se esta acercando al final de la pista. Los últimos 300 metros se identificarán únicamente con luces rojas a fin de alertar a los pilotos sobre el remanente de pista.

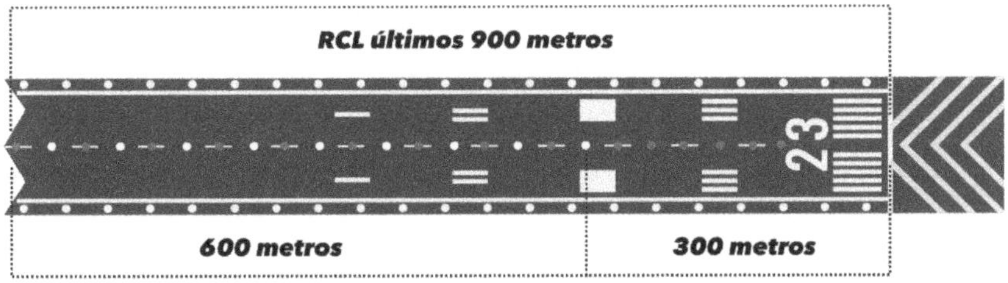

Una de las particularidades de este sistema de luces es el tipo de baliza especial de dos luces, donde hacia un lado emite un color y hacia su lado opuesto emite otro color. Esto permite que funcione como luz blanca para indicar el inicio y centro de pista normal de un lado y el final y centro de pista de otro lado.

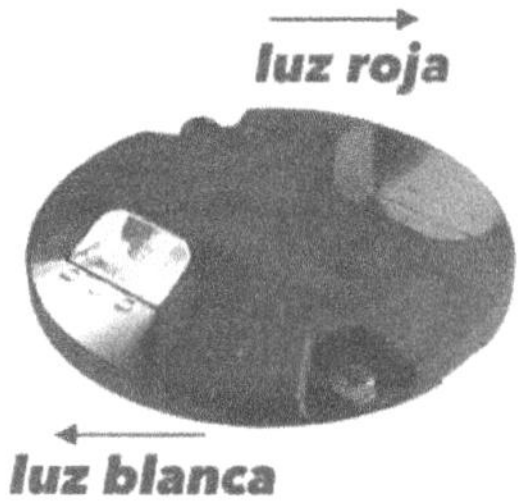

Luces de final de pista

Las luces del final de la pista se componen de un dispositivo similar al anterior, en formato de mina y luces bidireccionales. En el caso de las luces de final de pista, la baliza emite una luz roja en sentido de la aproximación final alertando al piloto de la ubicación del final de la pista. Este sistema de luces se conoce con el nombre de REIL (runway ending identifier light). Hacia el otro lado de la baliza se emite una luz de color verde indicando el inicio del umbral de pista.

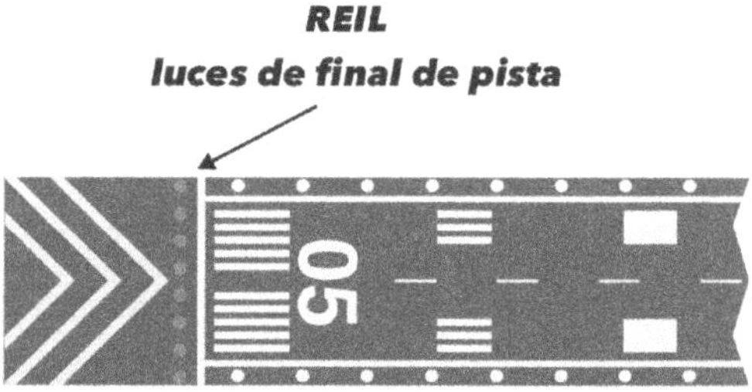

Luces del umbral de pista

Las luces del umbral de pista trabajan en conjunto con las luces REIL, en la mayoría de los casos funcionan con la misma baliza especial de dos luces, pero indicando una señal luminosa de color verde para informar el inicio de la pista. Cuando exista un desplazamiento del umbral de pista, estas luces deberán ubicarse al inicio del umbral desplazado. Apuntan unidireccionalmente hacia la aproximación final y su intensidad puede ser graduada desde la torre de control.

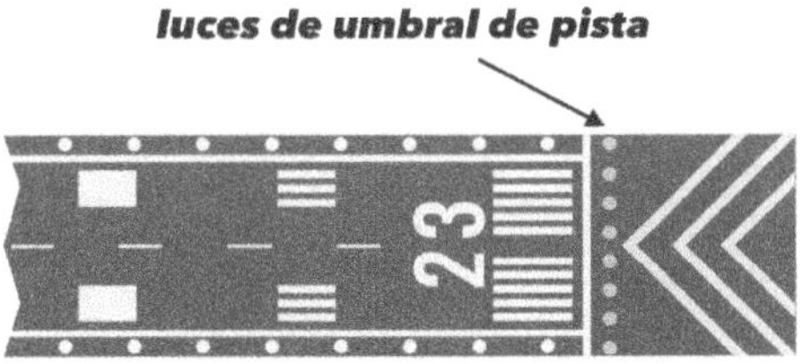

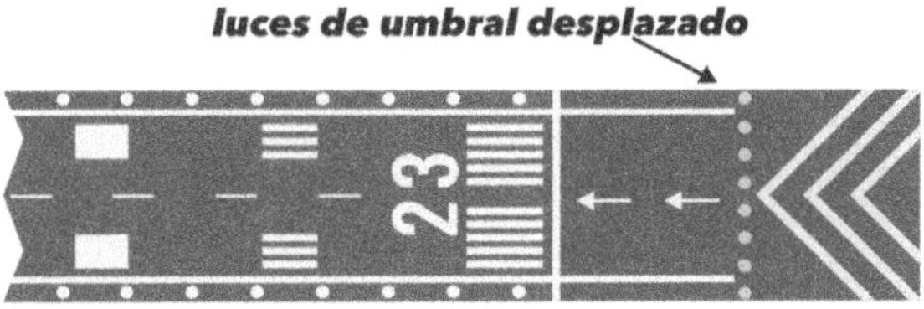

Luces de stopway

Las luces del stopway o zona de parada son de color rojo y de una sola dirección, iluminando hacia la carrera de despegue de la aeronave a fin de advertir de esta zona a los pilotos durante este trayecto. O bien sobre la carrera de aterrizaje indicando la zona remanente para un frenado de emergencia. Este sistema de luces incluye luces al borde de la zona y al final de la misma.

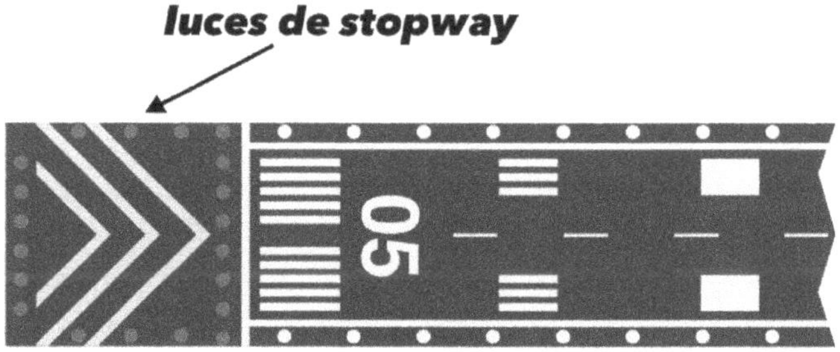

Luces de borde de calles de rodaje

El sistema de luces del borde de las calles de rodaje está compuesto por balizas tradicionales de color azul que rodean las calles de rodaje, plataformas y zonas de operación en tierra de las aeronaves.

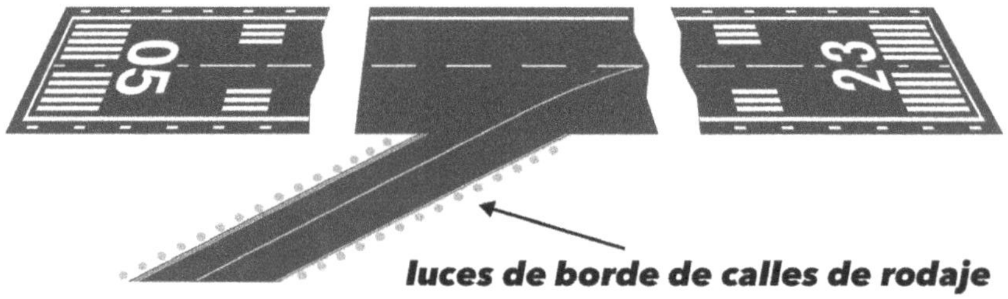

Luces centrales de calles de rodaje

El sistema de luces centrales de las calles de rodaje son de tipo minas y de color verde. Ubicadas sobre la línea guía central de color amarilla sobre la calle de rodaje, transportan a la aeronave a lo largo del aeropuerto hasta la plataforma o hasta la pista.

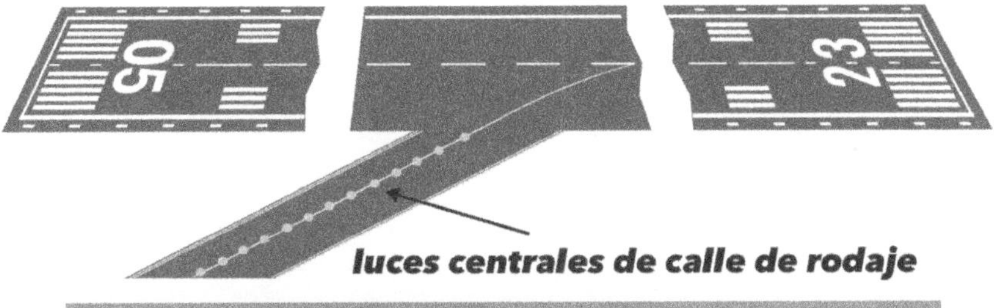

Luces de punto de espera

El sistema de luces de punto de espera se conoce con el nombre de STOP BARS. Se trata de un conjunto de balizas de tipo minas que se iluminan de color rojo prohibiendo el paso a las aeronaves. Este sistema suele estar en los puntos de espera previo al ingreso a pista a fin de mantener una ordenada operación en ella. Las stop bars serán requeridas para todas las operaciones cuando el valor del RVR sea inferior a 350 metros.

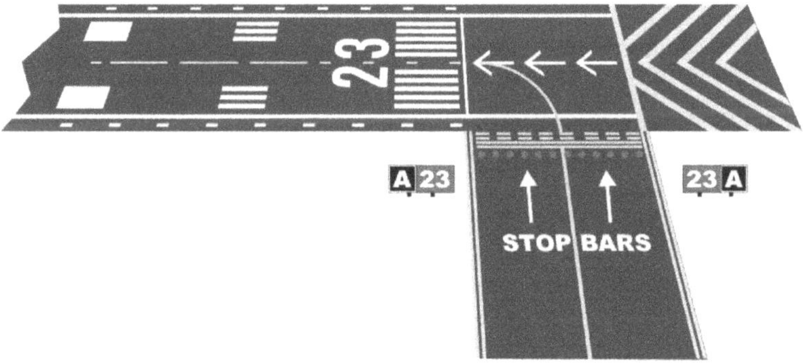

Luces de salida de pista

Las luces de salida de pista indican la unión de la misma con una calle de rodaje. En esta zona, las luces de borde de pista son reemplazadas por una única baliza de color blanco que indica la salida de la pista hacia una calle de rodaje.

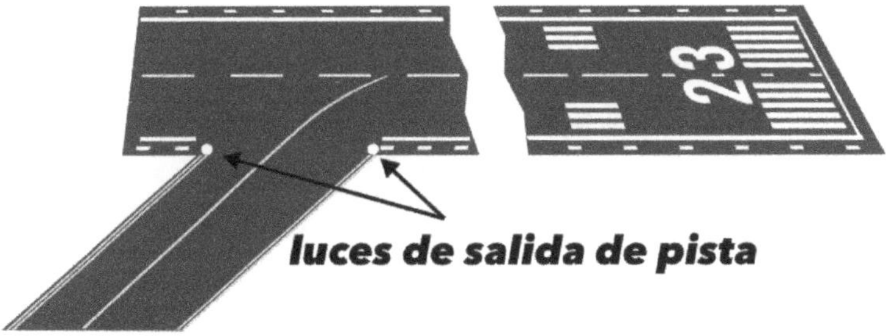

Approach Lighting System (ALS)

Toda la aproximación instrumental hacia una pista consta de dos instancias, una basada en los instrumentos radioeléctricos de aproximación y la otra en sistemas para una aproximación visual guiada hacia la pista. Esto se debe a que la mayoría de las aproximaciones instrumentales llegan hasta un punto determinado donde el piloto deberá continuar con una aproximación visual hasta aterrizar, salvo en las aproximaciones ILS categoría III donde no se requiere una etapa final visual y la aeronave puede hacer un aterrizaje automático sin visibilidad conocido como *"Autoland"*.

El cambio repentino de la fase de aproximación instrumental a la fase de aproximación visual resulta un desafío que el piloto debe sobrellevar manteniendo los parámetros de vuelo que venía controlando hasta el momento. Para esto existen sistemas de iluminación de pista que ayudan a que el piloto pueda seguir una señal luminosa hasta hacer contacto visual con la superficie de la pista.

Existen diversos sistemas de luces de aproximación. Cada aeródromo determinará cuál de todos estos sistemas es el correcto para la aproximación a su pista. En algunos casos, existen sistemas de luces aproximación específicos para aproximaciones ILS Cat II-III, e incluso, sistemas de luces de aproximación para situaciones donde sea necesaria una aproximación final en viraje.

Los sistemas ALS se dividen en dos grupos, los sistemas que guían al piloto en el trayecto horizontal y los sistemas que guían al piloto en el trayecto vertical.

Sistema ALSF ***(Approach Lighting System Sequenced Flashing Lights):*** este sistema se caracteriza por contar con una serie de luces destellantes que guían al piloto en su recorrido correcto sobre la prolongación del eje central de la pista hasta llegar a la misma. Existen dos clases de este sistema y su diferencia radica en la cantidad de referencias visuales que posee cada uno. Cabe mencionar que cuanto más equipado está el sistema de luces de aproximación, más fácil será guiar al piloto ante condiciones de visibilidad extremadamente baja.

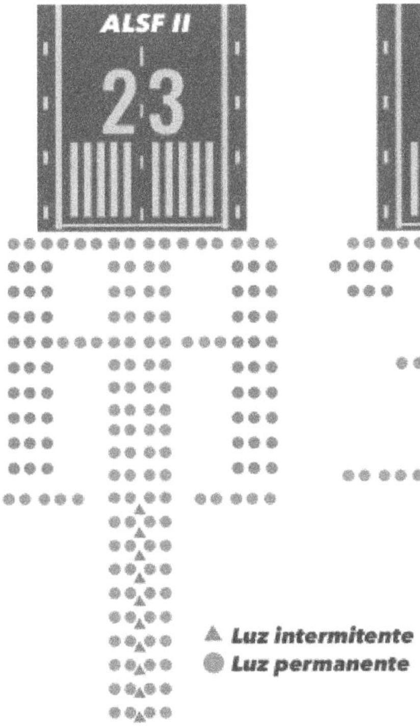

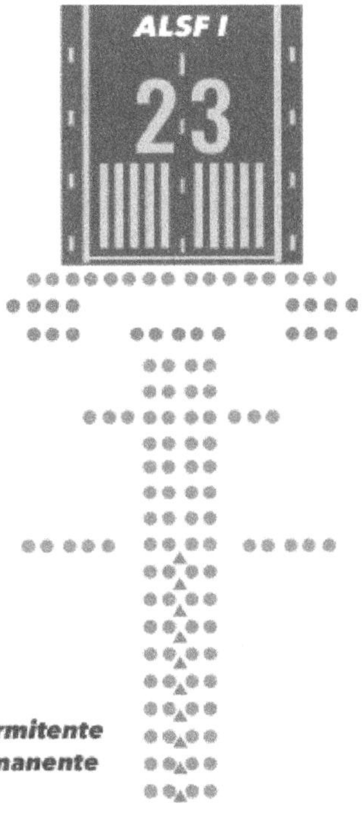

Sistema ALSF II

Sistema ALSF I

Sistema MALS ***(medium approach lighting system):*** se trata de un sistema de luces de mediana intensidad y menor complejidad que el anterior, propio de aeródromos más pequeños donde el factor meteorológico no sea tan restrictivo para las aproximaciones y aterrizajes. Este sistema ofrece dos variantes, una con un indicador de alineación con el centro de la pista y otra con este indicador y un sistema de secuencia de luces destellantes.

Sistema MALSR ***(MALS with Rwy Alignment indicator):*** esta variante del sistema ofrece una indicación visual del recorrido hacia el centro de pista junto con una indicador de alineación sobre el eje central de la misma. En este caso, el sistema de alineación del eje central de la pista no está integrado al sistema principal sino que está previo a este a fin de llegar a la guía visual final con la aeronave centrada sobre el eje principal de la pista.

Sistema MALSF ***(MALS with sequenced flashing lights):*** esta variante del sistema es idéntica a la anterior pero agrega un sistema de luces destellantes que guían al piloto en el recorrido correcto sobre el eje central de la pista. En este caso, el sistema destellante está incorporado al sistema principal de luces.

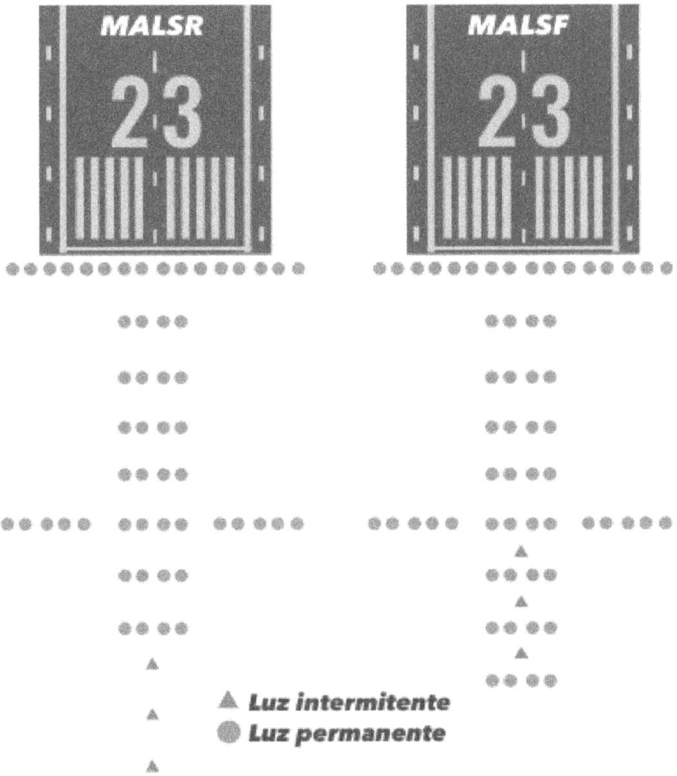
MALSR
23
MALSF
23
Luz intermitente
Luz permanente

Sistema CALVERT: se trata de uno de los sistemas complejos que presenta la luz de aproximación visual. Un sistema de origen británico que ofrece una guía de luces de alta intensidad desde una mayor distancia a la pista que las anteriores. Propio de zonas donde la visibilidad se ve severamente afectada por las condiciones meteorológicas. Ofrece dos variantes, una tradicional para operaciones hasta ILS categoría 1 y otra variante para operaciones complejas de ILS categoría 2 y 3.

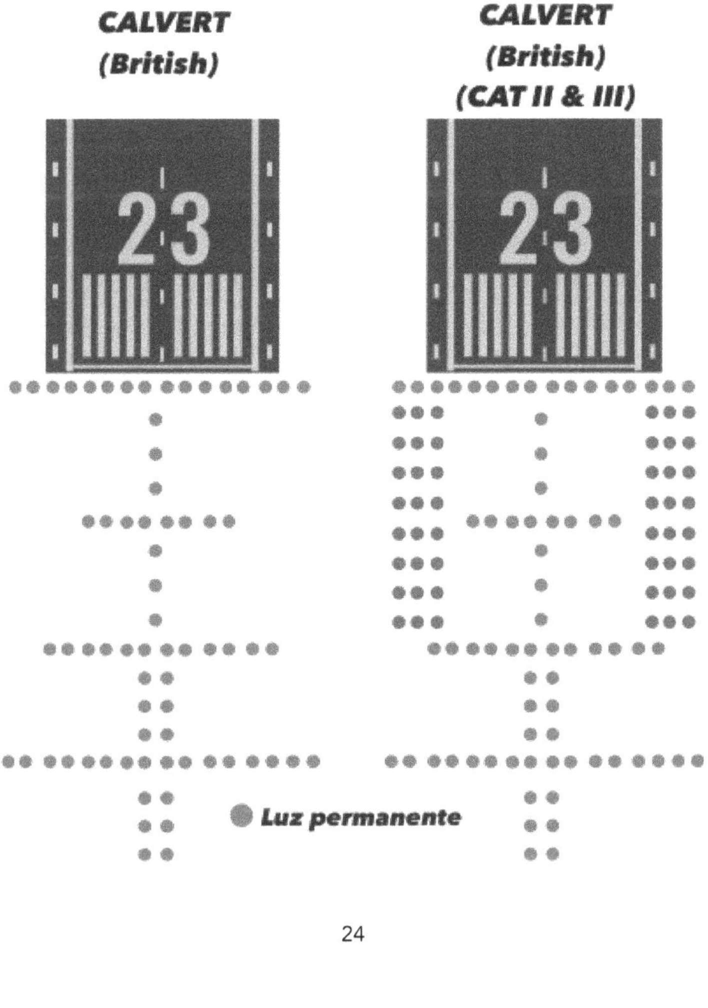

Sistema CALVERT

Sistema CALVERT
ILS CAT II & III

Sistema LDIN ***(Lead-in Lighting):*** este particular sistema de luces guías para la aproximación visual se basa en una serie de luces destellantes que forman una curva desde la última posición del procedimiento instrumental hasta el borde de la pista.

Sistema ODALS ***(Omnidirectional Approach Lighting System):*** se trata de un sistema muy simple basado en una serie de luces ovni direccionales sin destellos que guíen la trayectoria recta hacia la pista.

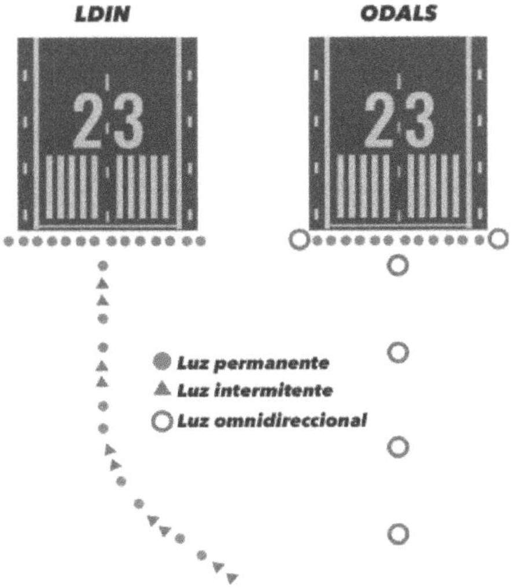

Sistema RAIL ***(Runway Indicator Lignment Light):*** similar al sistema anterior pero con un sistema de destellos de luces que ayuda a la correcta alineación sobre el eje central de la pista.

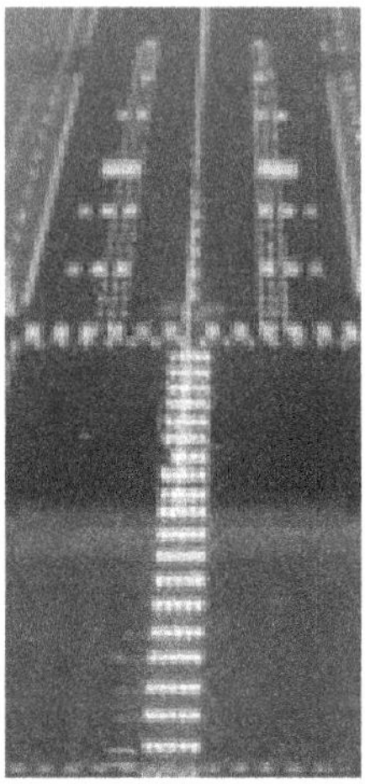

Luego de conocer los sistemas de luces de aproximación que guían al piloto en su navegación horizontal, es momento de conocer los sistemas de luces de aproximación que guiarán también al piloto, pero en la senda de planeo o navegación vertical.

Sistema PAPI ***(Precision Approach Path Indicator):*** este sistema es uno de los más utilizados en la mayoría los aeropuertos del mundo. Ofrece una pendiente de descenso precisa hasta la superficie de la pista o zona de contacto. Está senda de planeo suele ser graduada en una pendiente de 3° o de 3,5° dependiendo de la pendiente que busque establecerse en ese aeropuerto. Su capacidad alcance ronda a las 20 NM dependiendo de la intensidad de luz que emite el equipo. Su principio de funcionamiento es muy simple, consta de cuatro faros alineados uno al lado del otro a un lateral de la pista. Estos faros emiten luces de tres colores: blancas, verdes y rojas. La combinación de estas luces de colores le indicará al piloto si se encuentra en la senda de planeo correcta, por encima de ella o por debajo de ella.

Por encima de la senda de planeo: cuando la aeronave se encuentra volando completamente por encima de la senda de planeo correcta, el sistema PAPI indica todas sus luces de color blanco.

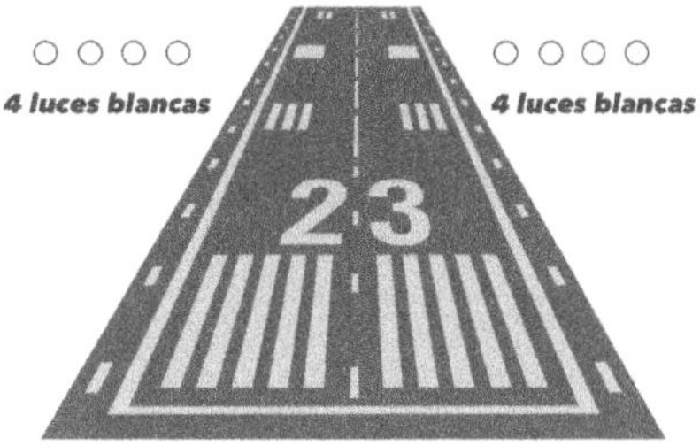

Ligeramente por encima de la senda de planeo: cuando la aeronave se encuentra volando ligeramente por encima de la senda de planeo correcta, el sistema PAPI indica tres luces blancas y una roja.

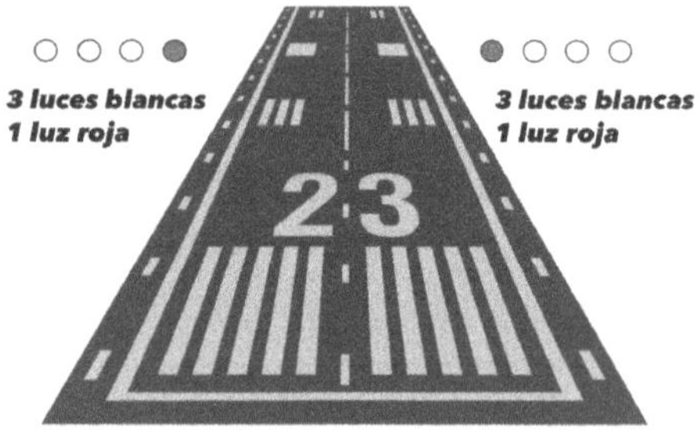

En la senda de planeo correcta: cuándo la aeronave se encuentra volando sobre de la senda de planeo correcta, el sistema PAPI indica dos luces blancas y dos luces rojas.

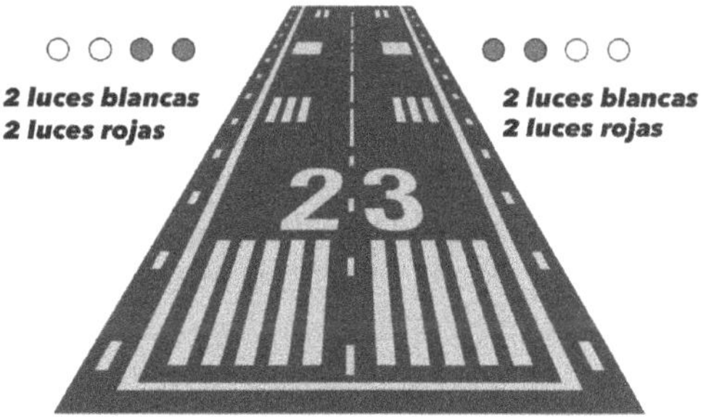

Ligeramente por debajo de la senda de planeo: cuándo la aeronave se encuentra volando ligeramente por debajo de la senda de planeo correcta, el sistema PAPI indica tres luces rojas y una blancas.

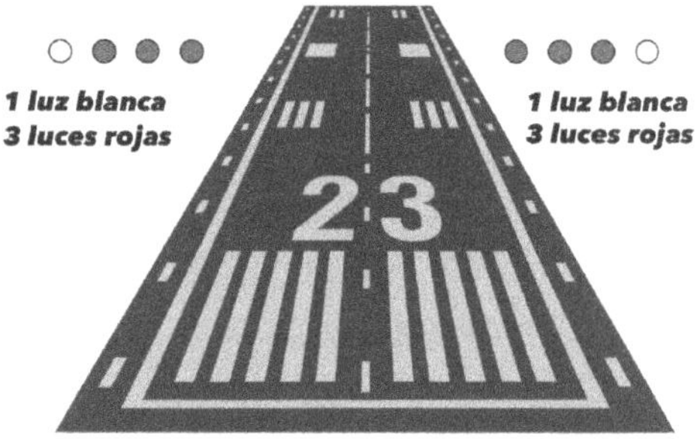

Por debajo de la senda de planeo: cuando la aeronave se encuentra volando completamente por debajo de la senda de planeo correcta, el sistema PAPI indica cuatro luces rojas.

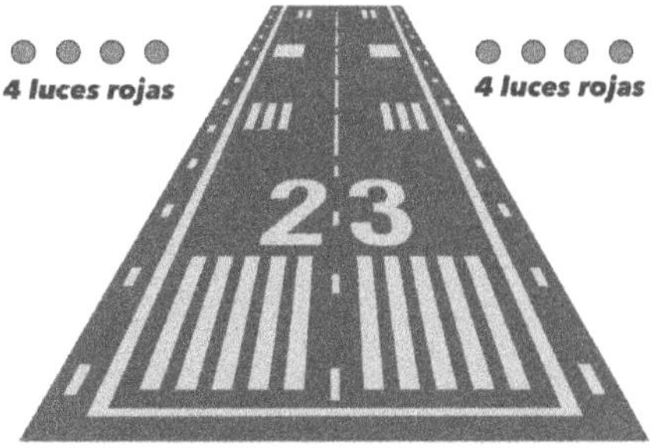

Sistema VASI ***(Visual Approach Slope Indicator):*** el principio de funcionamiento de este sistema es similar al anterior, salvo que ofrece una precisión inferior al momento de la aproximación. Este sistema indica tres variables: por encima de la senda de planeo, en la senda de planeo correcta, y por debajo de la senda de planeo. Dos indicaciones menos que el sistema PAPI.

Este sistema se trata de dos barras de luces, una detrás de la otra pero alejadas entre si. Al igual que el sistema anterior, ofrecen indicaciones luminosas de color blanco y rojo.

Por encima de la senda de planeo: cuando la aeronave se encuentra volando completamente por encima de la senda de planeo correcta, el sistema VASI indicará las dos barras de luces de color blanco.

En la senda de planeo correcta: cuando la aeronave se encuentra volando sobre de la senda de planeo correcta, el sistema VASI indicará una barra de luces de color blanco y la otra barra de luces de color rojo.

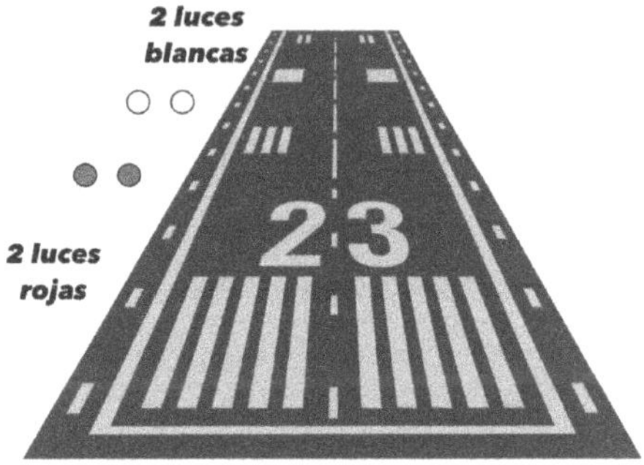

Por debajo de la senda de planeo: cuando la aeronave se encuentra volando completamente por debajo de la senda de planeo correcta, el sistema PAPI indica cuatro luces rojas.

Sistema TRICOLOR VASI ***(Visual Approach Slope Indicator):*** al igual que el sistema VASI anterior, esta variante ofrece la misma información de trayectoria de planeo en tres instancias, por encima de la senda de planeo, en la senda de planeo correcta y por debajo de la senda de planeo. La diferencia con respecto al sistema VASI tradicional es que el sistema TRICOLOR VASI esta formado por un único faro de luz que emite tres colores en función a la posición de la aeronave respecto de la senda de planeo: ámbar, verde y rojo.

El color ámbar indicará que la aeronave esta por encima de la trayectoria de planeo correcta, el color verde, sobre la trayectoria de planeo correcta y el color rojo por debajo de la senda o trayectoria de planeo correcta.

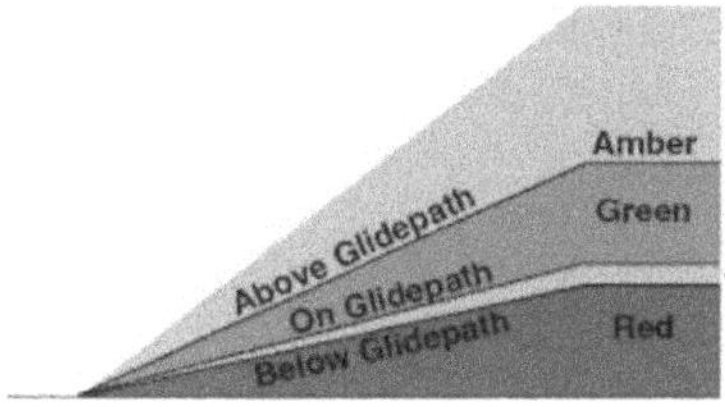

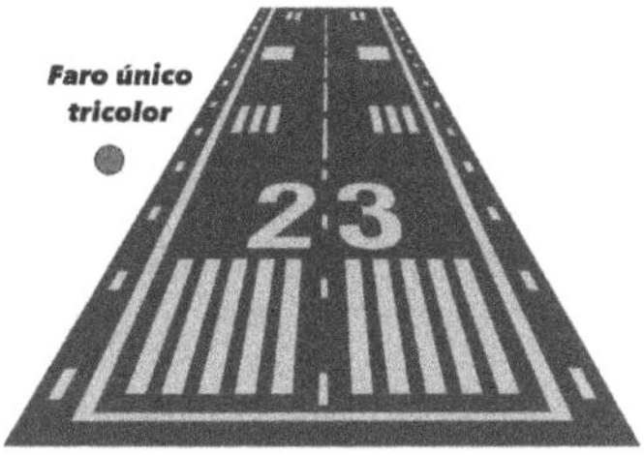

Sistema PVASI ***(Pulse Visual Approach Slope Indicator):*** al igual que el sistema anterior, esta variante se basa en un solo faro lumínico que emite dos señales de dos colores. Una señal de luz fija y una señal de luz intermitente o pulsos lumínicos, ambas en colores blanco y rojo.

Cuando la aeronave se encuentra por encima de la senda de planeo, el faro emite destellos luminosos de color blanco. Cuando el aeronave se encuentra justo sobre la senda de planeo, el faro emite una señal luminosa permanente de color blanco.

Por otra parte, cuando la aeronave se encuentra ligeramente por debajo de la senda de planeo, el faro emite destellos de luz de color rojo y cuando el aeronave se encuentra completamente por debajo de la senda de planeo el faro emite una luz permanente de color rojo.

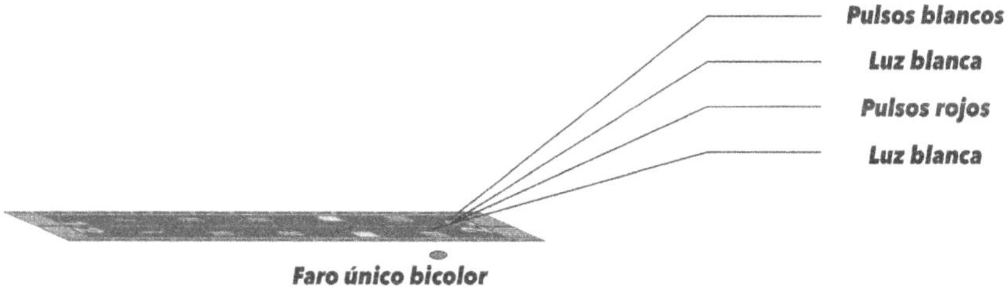

Dependiendo del sistema de luces de aproximación con el que cuente cada aeropuerto, el piloto podrá determinar el procedimiento a realizar. Es importante mencionar que estos sistemas de luces de aproximación no ofrecen una guía para una aproximación instrumental, sino que refieren a una guía durante una aproximación visual, por tanto, el piloto debe considerar que se requiere un escenario meteorológico de vuelo visual para que pueda apoyar su aproximación en este tipo de sistemas.

Las luces del avión

En un Cessna 172, a modo de ejemplo, el sistema de luces cumple diversas funciones. En la parte trasera, sobre el rudder se ubica una luz giratoria de color rojo llamada "beacon". Detrás de esta luz de beacon, se ubica una luz estática de color blanco que forma parte del conjunto de tres luces de navegación, la luz blanca en la cola del avión, una luz verde en la puntera del ala derecha y una luz roja en la puntera del ala izquierda. Continuando en las punteras de las alas, se ubica una luz estroboscópica o destellante de color blanco. Por último, sobre el borde de ataque del ala izquierda se ubican las luces de taxi y de aterrizaje.

Las luces son operadas manualmente desde su panel de control ubicado debajo del comando del piloto.

La aeronave ofrece, un sistema de luces interiores que iluminan la cabina de vuelo durante operaciones nocturnas o en cualquier ambiente oscuro donde sea necesario su utilización. Sobre el intradós de los planos se ubica una luz que ilumina hacia abajo sobre la zona que cubre el ala para ofrecen una iluminación de la zona de ascenso y descenso de la aeronave.

Para las operaciones nocturnas, la aeronave cuenta con un sistema de luces en el panel de instrumentos y sobre cada instrumento en particular. La intensidad de estas luces es regulable manualmente por los pilotos desde las perillas de control ubicadas en el mismo panel.

El sistema de luces de navegación es un sistema estandarizado por igual para todas las aeronaves, sin importar su tamaño. Esto permitirá identificar la trayectoria de vuelo durante las operaciones nocturnas.

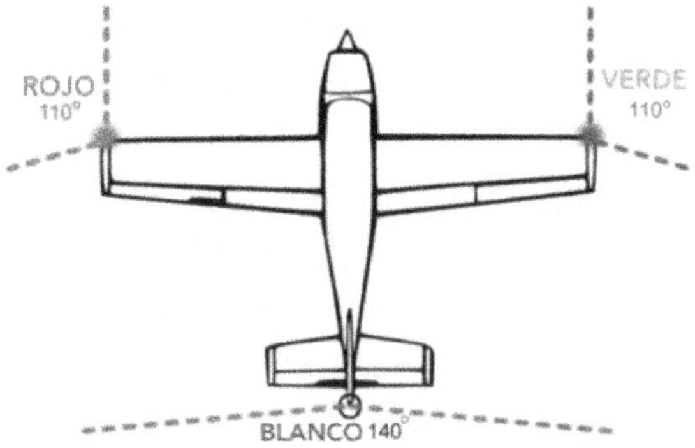

Por ejemplo, si se observa la figura de una aeronave con las luces de navegación roja del lado derecho y verde del lado izquierdo, la aeronave se estará alejando en la misma trayectoria de vuelo.

Avión alejándose en la misma trayectoria

Recuerda que durante las operaciones nocturnas, solo será posible identificar a las aeronaves por sus luces, ya que resultaría imposible determinar su trayectoria de vuelo solo observando la silueta de su estructura.

Por el contrario, si se observa la figura de una aeronave con las luces de navegación verde del lado derecho y roja del lado izquierdo, la aeronave se estará acercando en la misma trayectoria de vuelo.

Avión acercándose en la misma trayectoria

Adicionalmente al sistema de luces estandarizados para la navegación, las aeronaves pueden incorporar sistemas de luces adicionales para las operaciones nocturnas en diferentes condiciones.

A continuación se detalla el sistema de luces de una de las aeronaves comerciales mas voladas del mundo (B737). El sistema de luces en un Boeing 737 ofrece diversos faros que iluminan el recorrido en tierra para diferentes condiciones de rodaje.

Retractable Landing Lights: un sistema de luces de gran alcance con un par de faros que se extienden desde el fuselaje hacia abajo y se retraen cuando el piloto desea apagar el sistema de luces.

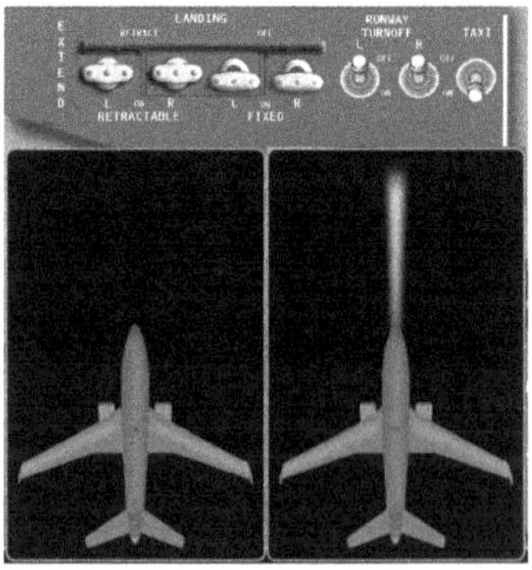

Fixed Landing Lights: un sistema de luces de menor alcance con un par de faros extensibles, al igual que las luces anteriores.

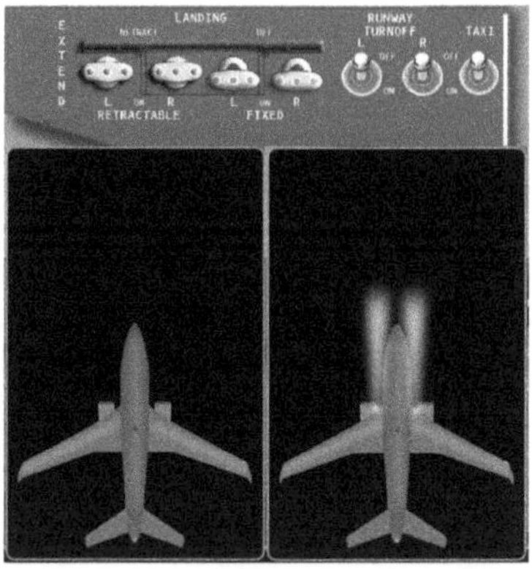

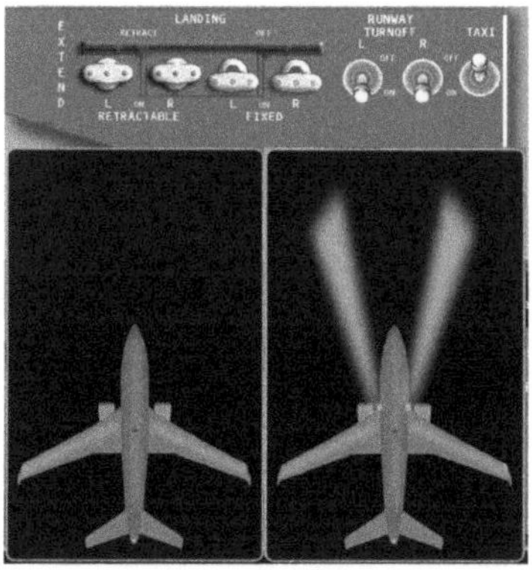

Runway Turnoff Lights: un sistema de luces de gran alcance orientadas diagonalmente al eje longitudinal de la aeronave a fin de facilitar e iluminar las calles de rodaje durante el giro de la aeronave.

Taxi Lights: un único faro que emite una luz en línea recta hacia adelante con el objeto de iluminar la calle de rodaje sobre la que la aeronave se esta desplazando.

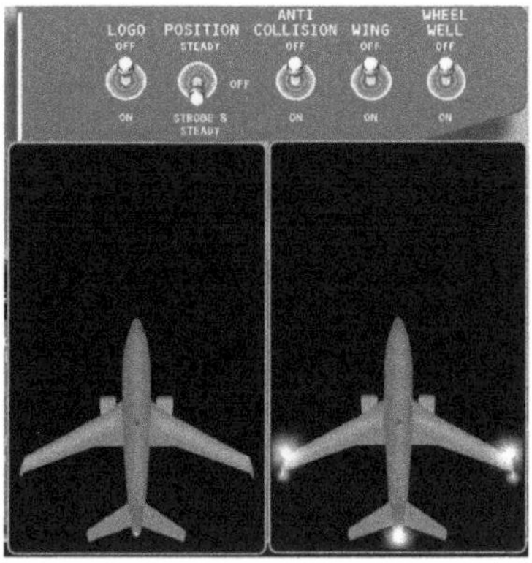

Logo Lights: un sistema de luces que dirigen la iluminación hacia la cola del avión con el objeto de iluminar el logo de la compañía.

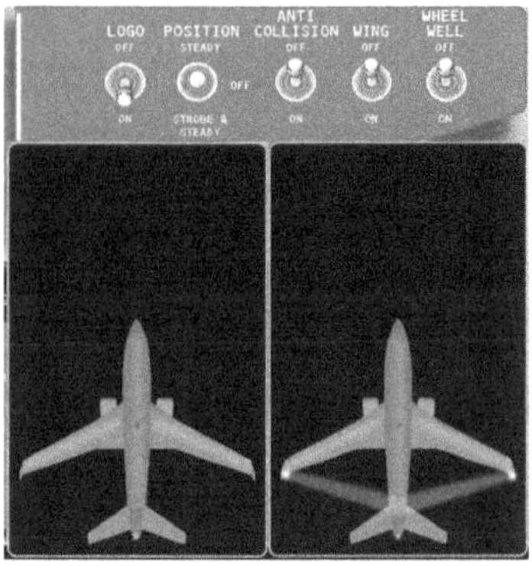

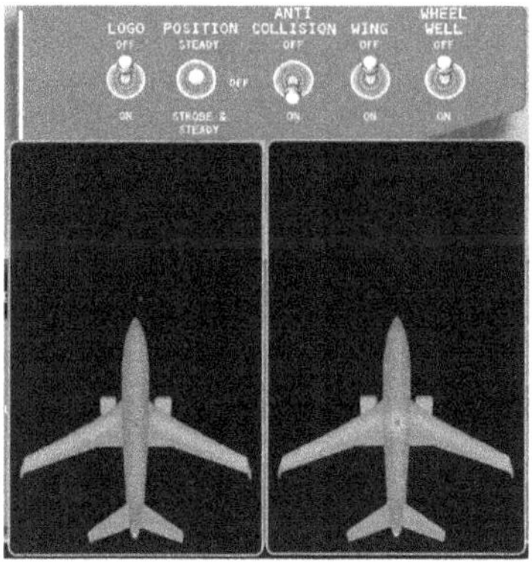

Position Lights: un sistema de luces de navegación que ofrece dos modos. Un modo de luces estáticas y un modo de luces combinadas que incorpora un sistema de luces estroboscopicas. Las luces estáticas presentan una luz de color rojo en el borde del ala izquierda y una luz de color verde en el borde del ala derecha.

Anti Collition Lights: un único faro de luz intermitente de color rojo, ubicado sobre el fuselaje. Esta luz es encendida cuando la aeronave esta a punto de iniciar el retroceso y encendido de los motores.

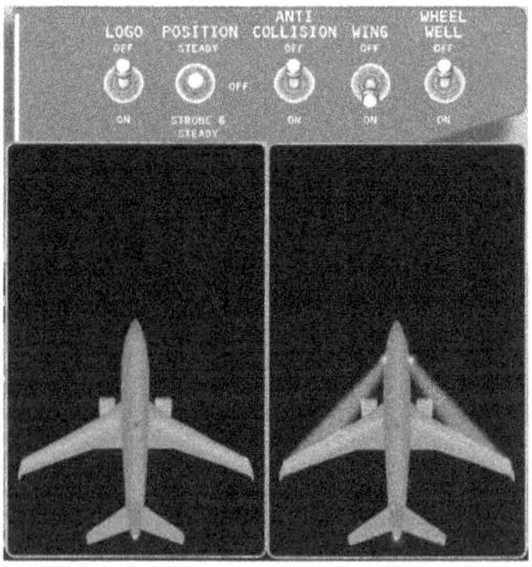

Capítulo 2

Operación normal en vuelos nocturnos

Aviation Bookstore

aviation step by step

Introducción

En este capítulo analizaremos en detalle todas las operaciones durante un vuelo nocturno. Si bien los procedimientos son los mismos que durante un vuelo diurno, existen ciertas consideraciones adicionales que el piloto debe tener presente.

Planificación

La planificación de un vuelo nocturno incluye considerar un equipamiento adicional por parte del piloto y de la aeronave. La falta de iluminación es un factor determinante al momento de realizar un vuelo nocturno. Por esta razón, una falla eléctrica durante el vuelo se volvería una situación compleja. Para tener en cuenta esta posibilidad se recomienda contar con una linterna adicional, un teléfono celular con carga y cualquier otro dispositivo que pudiera funcionar como sistema de iluminación del panel de instrumentos.

Si bien una falla eléctrica permitiría la utilización de la radio por medio de la batería del avión, es importante considerar la posibilidad de contar con un sistema VHF portátil como respaldo.

Entre otros equipamientos estandarizados, también se recomienda contar con cartas de navegación y procedimientos impresos en papel, ya que si solo se considera la opción digital de un GPS, este podría verse afectado por la falta de energía.

La meteorología tendrá un papel importante en la planificación del vuelo nocturno. Es importante recordar que durante la noche no es posible detectar las formaciones nubosas distantes, y la trayectoria de vuelo podría verse afectada por una zona de tormentas sin la posibilidad de ser vista con anticipación. A menos que la aeronave cuente con un radar meteorológico, es indispensable que el piloto logre analizar todos los reportes y mapas satelitales, en busca de posibles formaciones nubosas en su trayectoria de vuelo.

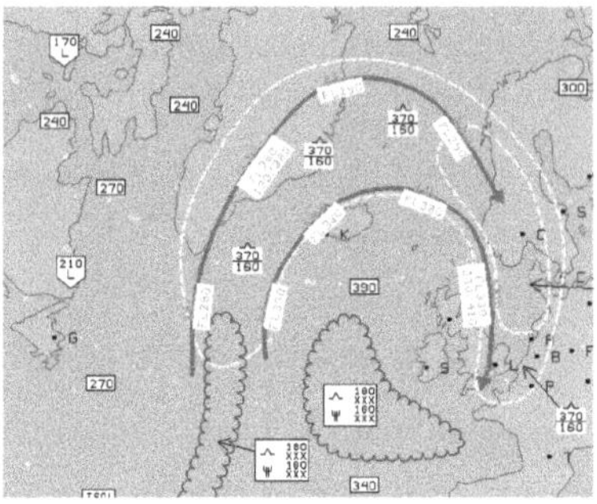

Otro factor meteorológico de suma importancia es el viento. El piloto debe verificar la información de los diferentes vientos en el trayecto del vuelo, ya que el efecto de deriva que este pueda causar no sería observable desde la cabina, como podría serlo durante un vuelo diurno, donde las referencias visuales juegan un rol importante.

Por otra parte, considerar una alternativa adecuada para el vuelo es fundamental en la planificación. Se debe tener en cuenta que el aeródromo de alternativa debe contar con un sistema de balizamiento para operaciones nocturnas, lo que podría dificultar la selección entre las opciones mas cercanas.

A diferencia de los vuelos diurnos, donde la navegación puede estar apoyada en referencias visuales, durante un vuelo nocturno, estas ayudas no estarán disponibles, por tal, la planificación de la navegación debería basarse en ayudas radioeléctricas y no en referencias visuales.

Finalmente, recuerda que un vuelo nocturno puede ser bajo reglas de vuelo visual o instrumental. En el segundo caso, deberías contar con la habilitación de vuelo instrumental para continuar. Esto hace relevante a un correcto análisis de los reportes meteorológicos para determinar las reglas de vuelo que atravesarás en tu ruta.

Una de las recomendaciones mas habituales para la planificación de un vuelo nocturno es analizar la posibilidad de volar lo mas alto que se pueda, o se permita en la zona, ya que no será posible observar los obstáculos, y ante una eventual emergencia, la altura otorgará un mayor tiempo de planeo para determinar los pasos a seguir.

Inspección pre-vuelo

La inspección pre-vuelo de la aeronave siempre será mejor en condiciones diurnas, ya que la luz del sol puede dejar a la vista mayores detalles que la luz de la linterna. En ocasiones es habitual ver que los pilotos realicen el chequeo de la aeronave justo antes de qué caiga el sol, y luego aguarden hasta que este se oculte para comenzar la operación.

El punto más importante de la inspección pre-vuelo para las operaciones nocturnas es la verificación del sistema de luces de la aeronave, tanto del exterior, como las del interior de la cabina de mando. Esto no implica que se dejen de lado el resto de las verificaciones habituales, sino que cambiará el orden de las prioridades, ya que cualquier falla en el sistema de luces podría afectar a toda la operación del vuelo nocturno.

En el exterior se debe verificar que funcionan todas las luces que involucran al sistema, las luces de navegación, las luces estroboscópica haz, las luces de rodaje y aterrizaje, las luces de la cola del aeronave, en algunos casos las luces de la salas, entre otros sistemas de iluminación adicional que puedan contar cada aeronave.

En el interior de la cabina es necesario verificar la iluminación de los instrumentos y del habitáculo mismo, para lograr una adecuada cantidad de luz. Es importante tener en cuenta que el ojo humano demora aproximadamente 30 minutos en adaptarse a un ambiente oscurecido, e iluminado artificialmente, pero este tiempo podrías acortarse hasta a 20 minutos si el ambiente está iluminado por una luz roja tenue. Por esta razón es que, dependiendo del fabricante de la aeronave, la cabina de mando puede estar únicamente iluminada en sus instrumentos, puede poseer una luz

general en el techo que ilumine el ambiente de forma tenue, o bien puede contar con ambos sistemas que trabajan en conjunto. Es importante que el piloto verifique el funcionamiento de estos sistemas de iluminación interior y decida si les resulta cómodo operar la aeronave de esa forma.

Encendido, rodaje y despegue

Una vez que la inspección pre vuelo haya finalizado y el piloto se ya se encuentra sentado en la cabina de mando, comenzará la lectura de la lista de chequeo para encender el motor de la aeronave. En la oscuridad de una operación nocturna es difícil observar la zona cercana a la hélice para confirmar que esté libre para el encendido del motor, por esta razón antes de encender el motor se debe encender la luz beacon par informar a las personas y aeronaves cercanas que está iniciando el procedimiento de encendido del motor.

Una vez que el motor ha finalizado el ciclo de encendido, y con la autorización de rodaje confirmada, se encenderá la luz de taxi que, en algunos casos, es la misma luz que la de aterrizaje.

Durante el procedimiento del rodaje, es posible que tu percepción de la distancia y de la velocidad se vean distorsionada por la falta de referencias visuales. Esto podría afectar a los cálculos de frenado. Si el rodaje se lleva a cabo en grandes aeropuertos donde existan diversas calles de rodaje, es necesario prestar especial atención a los carteles indicadores para evitar confusiones, en incluso, para evitar incursiones en pistas o calles no autorizadas.

Para estos casos, el piloto puede solicitar asistencia para el rodaje a la torre de control, quien podrá informar al piloto sobre el progreso del procedimiento desde su perspectiva.

Recuerda que hasta realizar los primeros vuelos nocturnos, gran parte de tu experiencia de vuelo ha sido en operaciones diurnas, y es normal que la intensidad de las luces de las calles de rodaje y pista causen un encandilamiento parcial, hasta que el ojo humano logre adaptarse a los cambios de luz. Eventualmente, podrás solicitar al control de superficie que reduzca la intensidad del sistema de luces para

evitar el encandilamiento, pero dependerá de la cantidad de aeronaves que estén operando al mismo tiempo en el mismo lugar.

Al llegar al punto de espera de la pista que utilizarás para el despegue, es importante apagar las luces estroboscópicas y las luces del rodaje, ya que su destello podría perjudicar la percepción visual de los pilotos en las aeronaves que estén aterrizando y pasen cerca de tu aeronave. Si bien no se trata de un procedimiento estandarizado, se considera un gesto de cortesía entre colegas, considerando el efecto negativo que esas luces podrían tener en el ojo humano durante una fase crítica como lo es el aterrizaje.

Una vez listos para el despegue y con la autorización de ocupar la pista confirmada, dentro de las posibilidades, es recomendable ingresar a la pista volviendo a encender todas las luces y frenar por unos instantes para permitirle al ojo una adecuada adaptación a la intensidad de las luces de pista que, en la mayoría de los casos, suelen tener una intensidad superior al resto de las luces del aeropuerto.

La carrera de despegue te resultará muy diferente al procedimiento tradicional desarrollado durante el día. La carencia de referencias visuales laterales, podría dar lugar a un desvío involuntario hacia un costado, perdiendo el centro de la pista y aumentando el riesgo de que una rueda quede fuera de esta. Para prevenir este factor, existen pistas con luces centrales que ayudan al piloto a mantener la carrera de despegue sobre el eje central de la pista, pero en el caso de que la pista no cuente con este sistema, la única referencia que tendrás para desarrollar una carrera de despegue centrada serán las luces laterales y las luces del final de la pista.

Este mismo procedimiento en pistas de césped podría agravar el efecto del desvío lateral, debido al rebote de las ruedas sobre la superficie.

Una vez dominada la carrera de despegue, comienza la rotación y el ascenso inicial. En esta instancia crítica del vuelo, suelen darse la mayor cantidad de incidentes durante las operaciones nocturnas, debido a la falsa percepción de ascenso positivo que se suele experimentar temporalmente, hasta que los sentidos del piloto logran adaptarse a la oscuridad de abandonar las luces de la pista y del aeropuerto, sometiéndose a un ambiente de luz diferente.

Uno de los accidentes referentes a esta situación se dio en un Airbus A320 de Persian Gulf Air, donde murieron 143 personas. El accidente ocurrió en la fase de ascenso inicial, en condiciones meteorológicas visuales pero durante una noche oscura y sin luna, ocultando toda clase de referencia exterior para los pilotos. Esta falsa sensación de ascenso llevó a los pilotos a configurar una actitud de vuelo errónea que desencadenó en el accidente.

Si bien, un procedimiento de despegue nocturno en condiciones meteorológicas visuales, se considera un procedimiento visual, siempre es recomendable llevarlo a cabo como un procedimiento instrumental, prestando mayor atención a los instrumentos de control de actitud, ya que las referencias visuales podría no ser suficientes, aunque las condiciones meteorológicas sean óptimas.

Vuelo recto y nivelado

Una vez alcanzado el nivel de vuelo o altitud final, la aeronave se comportará exactamente igual que en un vuelo diurno, salvo que el piloto vivirá experiencias diferentes al no tener las referencias visuales del terreno. En esta instancia el vuelo nocturno se vuelve casi un vuelo instrumental, donde predomina la importancia de volar con la información de los instrumentos de vuelo, sin referencias visuales claras.

Volar sobre ciudades no resultaría en un gran cambio para el piloto, ya que las referencias visuales se notan y cooperan a que el vuelo sea lo mas similar posible a un vuelo diurno. Pero cuando la aeronave debe atravesar zonas despobladas se

enfrenta a un manto negro que cubrirá casi todo lo que pueda ver. Esta situación puede causar confusión al principio, pero con el correr de las horas de práctica, el ojo humano y el resto de los sentidos se irán acostumbrando al nuevo ambiente de vuelo.

Una de las ventajas de volar sobre zonas despobladas o poco iluminadas es la facilidad con la que se pueden encontrar los aeródromos de destino y alternativa. El resplandor de las luces de pista se percibe desde muy lejos. Otra de las ventajas de las zonas oscuras, frente a las mismas zonas pero de día, es la facilidad para detectar a otros aviones en las cercanías de la trayectoria de vuelo. Un tema que resulta realmente difícil lograrlo de día, de noche las luces de los aviones cobran vida y se logran ver desde una considerable distancia.

Por otra parte, una de las desventajas del vuelo nocturno sobre zonas despobladas y poco iluminadas, es la escasa o nula capacidad de percibir los fenómenos meteorológicos presentes en la zona, formaciones nubosas, fenómenos de oscurecimiento (humo, niebla, etc), lluvias, nieve, ceniza volcánica, entre otros.

Considerando que cada uno de estos peligrosos fenómenos meteorológicos podrían afectar severamente al vuelo, debido a su abrupta aparición sin ser vistos con anticipación, el correcto análisis de los reportes meteorológicos será una de las principales tareas del vuelo nocturno, no solo en la planificación previa al vuelo, sino también durante este si es posible obtener una actualización de los informes mediante las comunicaciones con el control u otros canales.

Una de las formas mas comunes y fáciles de detectar al presencia de nubes es perder al visión de la luz de la luna o de las estrellas en una noche despejada. Por otra parte, durante una noche con el cielo cubierto, las luces estroboscópicas brillarán mucho mas de lo habitual si la aeronave entra a una nube y vuela dentro de ella, haciendo que los destellos de luz reboten sobre la nube y se reflejen en la cabina, situación que sucedería en una menor medida si la vuela en zonas despejadas.

Respecto de las posibles ilusiones ópticas que pueden ocurrir durante la etapa de vuelo crucero, suelen presentarse con objetos iluminados en la oscuridad y la vista del piloto desde la altura. Por ejemplo, las luces de la pista desde lo alto, o las luces de las terrazas de un edificio o antenas. Como referencia, a 2000 pies de altura sobre la referencia, un grupo de luces podrían parecer luces individuales, mientras que a 5000 pies, el mismo grupo de luces podría parecer una sola luz unificada. Estas posibles confusiones podrían causar que el piloto considere que la altitud real del vuelo no es la correcta y decida ascender o descender sobre la trayectoria adecuada de vuelo.

Por último, recuerda que la mayor parte de una navegación nocturna podría efectuarse sobre zonas no iluminadas, campos, lagos, montañas, etc. Un trayecto recto sobre un manto negro y sin piloto automático podría causar una inclinación alar involuntaria por parte del piloto y sin que este note el cambio. A menos que se detecte, la inclinación podría aumentar y, no solo cambiar la trayectoria de vuelo, sino que también existe la posibilidad de entrar en un tirabuzón, donde ya no habrá tiempo para corregir la situación. La pérdida de la conciencia situacional del vuelo es uno de los principales factores de incidentes en aviación, y este factor se agrava durante las operaciones nocturnas.

Por este motivo, es importante realizar todos los virajes suavemente y con extremo cuidado, dentro de las posibilidades.

Sumado a ello, mantener una constante verificación cruzada de los instrumentos, ayudará a detectar cualquier movimiento indeseado de la aeronave.

Verificación cruzada y atención distributiva

El concepto de atención distributiva es fundamental para el vuelo nocturno y para el vuelo instrumental. Se define como la capacidad de atender distributivamente la atención a todos los instrumentos del avión, de forma que se comprenda toda la información que estos ofrecen. Uno de los errores mas comunes en el vuelo nocturno e instrumental es prestar demasiada atención a un grupo de instrumentos y descuidar a otros. La atención distributiva busca mitigar los efectos de este error, capacitando al piloto en diferentes técnicas que le permitan atender de forma equitativa a todos los instrumentos del panel. Una de estas técnicas es el chequeo cruzado de información conocida como "Cross-Check".

El cross-check es la división correcta de la atención y la interpretación de los instrumentos del avión. La atención debe estar eficientemente dividida entre los instrumentos de control y performance, de tal forma que se pueda cubrir la totalidad de los instrumentos, determinando la actitud exacta de la aeronave. Esta técnica se usa constantemente durante un vuelo instrumental a fin de evaluar el comportamiento de los diferentes sistemas de vuelo, la actitud del avión y los parámetros de performance que intervienen.

Durante un vuelo nocturno e instrumental, existen variables que van afectando la actitud del vuelo, impidiendo que ésta sea constante. Para mitigar los efectos de estas variables, el piloto utiliza el cross-check a fin de mantener permanentemente su atención en los instrumentos que podrían indicar cualquier desvío de los parámetros requeridos.

Tanto la atención distributiva como la técnica del cross-check, se pueden ver afectados por factores como los siguientes:

Capacidad de reacción de los instrumentos: Algunos de los instrumentos del avión presentan un retardo en presentar la información ante un cambio de parámetros. Si bien este retardo puede ser de una fracción de segundos, hace que la atención distributiva y el cross-check pierdan confianza en la lectura rápida. Por el contrario, otros instrumentos son de acción inmediata como el horizonte artificial, marcado como el instrumento indispensable para un vuelo instrumental.

Ubicación de los Instrumentos: la disposición o ubicación de los instrumentos en el panel de control son un factor fundamental para facilitar la atención distributiva y el cross-check. En algunas aeronaves, los instrumentos se encuentran separados (unos al lado de otros) en comparación a las pantallas multifunción que concentran toda la información en un solo lugar. Por lo tanto, dificulta su observación y su interpretación, razón por lo cual requieren una técnica especial de crosscheck de la que dependerá la eficiencia de la verificación.

Habilidades del Piloto: este se presenta como uno de los factores mas influyentes en la atención distributiva y el cross-check. Estas dos técnicas o habilidades son adquiribles con el correr del tiempo y del entrenamiento que el piloto pueda recibir. No son habilidades innatas, sino que se adquieren en su totalidad. La falta de estas habilidades o el erróneo manejo de estas, afecta directamente a la operación.

Tipos de "Cross-Check"

Existen diversos tipos de cross-checks, incluso, en algunos casos los fabricantes de la aeronave sugieren su propio cross-check personalizado en función a la ubicación de los instrumentos en su avión. Conoceremos a continuación los mas utilizados, pudiendo variar en función a la distribución de los instrumentos en el panel del avión. Es importante recordar que la esencia del cross-check es recorrer permanentemente los instrumentos a fin de evitar omisiones en la información que estos proporcionan.

Cross check Radial: con el uso de esta técnica, el piloto pasa la mayor parte del tiempo con su vista fijada en el indicador de actitud, recorriendo los demás instrumentos temporalmente pero siempre volviendo al indicador de actitud como instrumento principal. De esta manera, el piloto podrá mantener el control de la actitud del avión de forma precisa en todo momento. Esta técnica es recomendada en vuelos con turbulencia donde la actitud del avión se verá afectada por este fenómeno y requerirá mayor atención en el uso de este instrumento para mantener el vuelo estable.

Cross-check en "V" invertida: En esta técnica, el movimiento de los ojos es únicamente ascendente y descendente. La observación va desde el indicador de actitud hacia el indicador de giros y ladeos y vuelve al indicador de actitud, o bien, desde el indicador actitud hacia el indicador de velocidad vertical y de regreso al indicador de actitud. Una técnica de menor complejidad que la anterior, ideal para chequeos rápidos de cambios de actitud a velocidad y altitud constante.

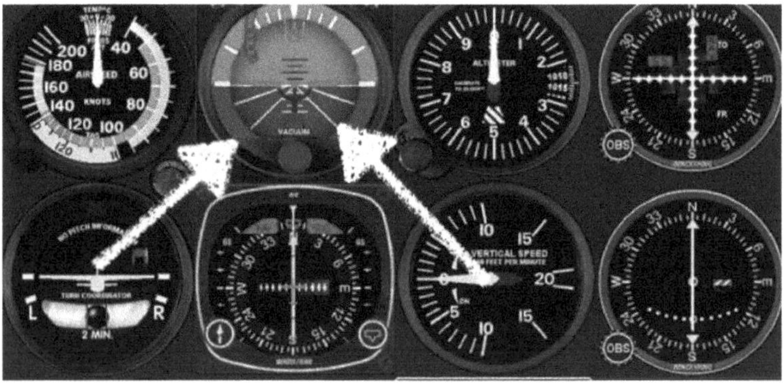

Cross check rectangular: a diferencia de las dos técnicas anteriores, en el chequeo rectangular no se prioriza la observación del indicador de actitud sino que forma parte del paneo general de los seis instrumentos.

Una técnica compleja donde se analiza detenidamente toda la información de cada uno de estos seis instrumentos indispensables para el vuelo instrumental. Este tipo de chequeo suele realizarse en condiciones de vuelos estables sin presencia de turbulencia o fenómenos meteorológicos que puedan afectar la actitud de Vuelo.

El recorrido siempre inicia desde el indicador de altitud y puede ser tanto para un lado como para el otro pero siempre finalizando en el instrumento que dio inicio al chequeo. Es importante no dejar ningún instrumento por chequear durante el recorrido.

Errores habituales en el "Cross-Check"

Existen errores típicos en el Cross check tanto en pilotos principiantes como en pilotos avanzados. Estos errores están asociados a condiciones de gran carga de trabajo o de distracciones externas que puedan afectar la concentración en el vuelo. Si bien son errores habituales y propios de la falta de práctica del vuelo instrumental, pueden ser mitigados manteniendo el entrenamiento adecuado del piloto para esta clase de vuelos.

Conozcamos a continuación los errores más comunes para poder identificarlos y poder tomar acción en consecuencia:

Fijación en un solo instrumento: La fijación en un solo instrumento es uno de los errores más comunes al realizar el crosscheck en un vuelo instrumental. Puede ocurrir por diversas causas donde el piloto concentra toda su atención en un solo instrumento por un tiempo prolongado durante el recorrido de su Cross check.

Esta fijación puede estar justificada en caso de que el piloto note alguna desviación de parámetros en ese instrumento, pero el error sucede cuando luego de evacuar su duda, el piloto sigue mirando el instrumento por mas tiempo del necesario por si esta desviación vuelve a suceder.

Este error puede tener como consecuencia la omisión de algún otro desvío de parámetros en el resto de los instrumentos que podría llevar el vuelo a una situación no deseada.

Omisión de un instrumento: Aquí encontramos otro error típico en esta técnica. La omisión de un instrumento pareciera no ser una situación en la que el piloto se vería envuelto, ya que el Cross check intenta recorrer todos los instrumentos del panel. Sin embargo, es un error habitual asociado al error anterior.

Por ejemplo, imaginemos que el piloto realiza el Cross check previo a iniciar un viraje de 20° de inclinación. Luego de realizar la verificación de los instrumentos inicia el viraje verificando que el indicador de actitud le informe la inclinación deseada. Al obtener los 20° de inclinación vuelve a realizar el Cross check de a un instrumento a la vez y siempre volviendo al indicador de actitud para confirmar que la inclinación alar es constante durante el viraje. Este retorno al instrumento principal podría causar que al continuar con el Cross check el piloto omita uno de los instrumentos en su recorrido. En este caso el piloto pasa del indicador de actitud al velocímetro, vuelve al indicador de actitud y de allí al instrumento de navegación HSI, omitiendo el instrumento anterior.

Énfasis en un solo instrumento: Este se trata de un error asociado a las capacidades de comprensión del instrumento que pueda tener el piloto, quien seguramente, pueda sentirse más cómodo con algunos instrumentos que con otros. Esto hará que durante el Cross check, el piloto confíe más en la información que su instrumento más conocido le ofrece, que en el resto de los instrumentos que resultan igual de fiables aunque no sean de uso habitual para el Piloto.

Descenso, aproximación y aterrizaje

Cuando se documento de iniciar el descenso, es importante recordar que es un cambio brusco en la actitud de de vuelo podría causar una pérdida de la conciencia situacional. Todo cambio de actitud de vuelo en condiciones de vuelo nocturno debe iniciarse lenta y progresivamente, contando con la anticipación adecuada para lograr una maniobra ordenada y sin apuros.

Los descensos sobre zonas completamente a oscuras puede inducir a un exceso de velocidad en el control de la aeronave. La falta de referencias visuales hace que el control de la velocidad se vea severamente afectado. En la medida en que la trayectoria de descenso ingrese a zonas mas iluminadas, las referencias visuales, por pocas que sean al principio, ayudarán a tomar el control visual del vuelo. Una vez que la aeronave ya se encuentre volando sobre las zonas urbanizadas, la iluminación será diferente y el control total de la aeronave volverá a parecerse al control durante un vuelo diurno.

Si bien, en la mayorías de los aeropuertos, las luces de la pista permanecen prendidas durante las operaciones nocturnas, en ocaciones, algunos aeródromos privados ofrecen un sistema de luces de pista a

requerimiento, es decir, se activan manualmente por el piloto desde el botón PTT del sistema de comunicación. Este sistema funciona por ondas de radio que activan las luces de la pista según la cantidad de pulsos que emita el piloto sobre el micrófono, por ejemplo, oprimiendo 3, 5 o 7 veces el PTT, encenderá el sistema de luces graduando la intensidad según la cantidad de pulsos enviados.

Previo a ingresar en el circuito de tránsito, una de las sensaciones mas comunes al sobrevolar el aeródromo es conocida como "agujero negro". Los alrededores de la pista suelen ser campos de césped que permiten una separación adecuada con otras pistas o calles de rodaje. Durante la noche estos sectores permanecen completamente a oscuras, mientras que la pista permanece completamente iluminada. Esto da la falsa ilusión de que la pista e encuentra dentro de un agujero negro, como si fuese un porta aviones en el medio del océano. En este caso es importante mantener contacto visual con la mayor cantidad de referencias visuales dentro del aeródromo, a fin de omitir las posibles confusiones que esta ilusión pueda generar.

Para la aproximación, es necesario considerar dos posibilidades: una aproximación basada en una carta de instrumental; y una aproximación visual, basada en un circuito de tránsito.

Durante el desarrollo de una aproximación instrumental, las referencias visuales no serán necesarias, ya que el vuelo se lleva a cabo en base a las indicaciones del procedimiento descripto en la carta, hasta que la aeronave llega a la altitud mínima donde continuará con el aterrizaje en forma visual.

Por otra parte, al desarrollar el vuelo en el tramo inicial del circuito de tránsito, el piloto deberá tener la referencia de las luces de pista durante todo el trayecto. En esta instancia es importante considerar el efecto que puede tener el viento sobre la aeronave para evitar que la acerque hacia la pista o la aleje de ella.

En este tramo inicial del circuito es posible confundir las luces que iluminan a una avenida o una calle principal, con las luces que iluminan a la pista, si estas dos referencias visuales están paralelas. En este caso es importante que el piloto identifique las luces de cada referencia y sepa diferenciarlas en la primera vista hacia el exterior. En caso de no poder hacerlo, continuaría con el circuito de tránsito tomando las luces de la calle como referencia.

Es importante recordar que el circuito de tránsito requiere de procedimientos de descenso, lo que implica un cambio en la actitud del avión, modificado la velocidad en cada tramo. Recuerda que todos los cambios de actitud durante un vuelo nocturno, podrían afectar la conciencia situacional y la atención distributiva, causando un comportamiento no deseado de la aeronave que podría resultar en un vuelo no controlado. Teniendo en cuenta este factor, es importante que todos los cambios de actitud se realizan suave y progresivamente, a fin de mantener controlados todos los parámetros de vuelo en todas las instancias del circuito de tránsito.

Cuándo el aeronave llegue al tramo final de la aproximación, ya sea que provenga de un procedimiento instrumental o de un circuito de tránsito, se deberán tener en cuenta las mismas consideraciones. Es de suma importancia llegar a la aproximación final con la altitud adecuada y continuar con un perfil de descenso correcto para evitar quedar demasiado alto sobre la pista o demasiado bajo, previo al aterrizaje.

Si la aeropuerto cuenta con el sistema de luces que ayudan a la aproximación visual, el procedimiento resultará bastante simple y cómodo. El piloto sólo deberá seguir las indicaciones luminosas para continuar en un perfil de descenso correcto que lo llevará a tocar la pista en el lugar adecuado. Pero, en el caso donde el aeropuerto no cuente con un sistema de luces de aproximación, el piloto deberá decidir la altitud con la que iniciará el tramo final de la aproximación y el perfil de descenso adecuado para llegar a la pista con la altura justa.

Para determinar la altura adecuada en una aproximación final existe un cálculo simple que se basa en la distancia y el ángulo de descenso. Un ángulo de descenso estándar es de 3°, este valor debe multiplicarse por el valor de la distancia que indica el DME, y el resultado por 100, para obtener la actitud correcta que debería tener la aeronave en la aproximación final en función a su distancia de la pista. Por ejemplo, si la aeronave se encuentra a 5 NM de la pista en la aproximación final, debería tener una altitud de 1500 pies para lograr un descenso de 3° y llegar a la pista para un aterrizaje en la zona de contacto.

La clave para una correcta aproximación final durante el vuelo nocturno siempre será contar con altitud adecuada al momento de llegar a la pista, previo al aterrizaje. Ante esta situación puede darse tres posibilidades, que la aeronave llegue con demasiado altura, con altura correcta, o con poca altura previo a hacer contacto con la pista. Las luces laterales de la pista suelen ser una referencia visual que pueden ayudar a detectar si la aeronave está muy alta en la aproximación, en la senda correcta, o muy baja.

Si el piloto identifica las luces laterales de la pista como una línea continua de luces podría indicar que se encuentra demasiado bajo y es incapaz de diferenciar a cada una de estas luces por separado. En este escenario, la longitud de pista tendrá la ilusión visual de parecer mas corta de lo que realmente es

Por otra parte, si el piloto logra ver a la mayoría de las luces de pista por separado, es decir, formando una línea continua recién al final de la pista, es posible que la aeronave esté demasiado alto sobre la senda de aproximación correcta. En este caso, la longitud de la pista tendrá la ilusión visual de parecer mas larga de lo que realmente es.

Finalmente, si el piloto puede observar un punto medio entre las dos opciones anteriores, identificando las luces de pista por separado y una línea de luces continuas de forma proporcional, estará en la senda correcta. En este escenario, la longitud de pista no tendrá la ilusión visual de parecer mas corta o mas larga de lo que realmente es. Recuerda, estando muy alto, la pista parece mas larga, y estando muy bajo, la pista parece mas corta.

Por último, llega el momento de tocar la pista. En esta instancia del aterrizaje es donde, estadísticamente, se dan la mayor cantidad de incidentes a causa de fuertes impactos del tren aterrizaje contra el pavimento o superficie de la pista. La escasa visibilidad del terreno y de las referencias visuales suele dificultar la maniobra del flare de forma correcta y a tiempo. Recuerda, que hay un aterrizaje sobre pistas de césped proporcionarán una menor visibilidad de la superficie que un aterrizaje sobre pista se faltadas.

Capitulo 3

Operación anormal en vuelos nocturnos

Aviation Bookstore
aviation step by step

Introducción

Todas las fallas u operaciones anormales que puedan suceder en la aeronave no distinguen entre la luz del día y la noche, se presentan de la misma manera, salvo que implica un riesgo diferente para la seguridad operacional.

Toda operación anormal de la aeronave involucra a una "urgencia" o a una "emergencia", sea de carácter mecánico o humano. Dos términos que suelen confundirse con facilidad. La diferencia radica en la severidad de la situación. Una situación de emergencia se caracteriza por aquella que afecta directamente a la seguridad del vuelo, o bien, a la seguridad individual de pasajeros y/o tripulación. Por otro lado, una situación de urgencia, no necesariamente afecta la seguridad del vuelo, pero da lugar a que ésta se vea afectada en caso de que la situación de urgencia no sea atendida y continúe evolucionando hasta convertirse en una situación de emergencia.

Durante la noche, existen situaciones que implican un grado de peligrosidad superior que durante el día. Por ejemplo, una falla eléctrica, una falla en las comunicaciones, una falla en el motor, entre otras. En este capítulo analizaremos la gestión de las principales situaciones anormales durante un vuelo nocturno.

Falla eléctrica

Durante las operaciones nocturnas, las fallas eléctricas afectan a los principales sistemas en avión que resultan indispensables para estas condiciones de vuelo. Este tipo de fallas involucra al sistema de luces, al sistema de flaps, al sistema de comunicaciones, al sistema del tren de aterrizaje, en caso de que este sea retráctil, entre otros sistemas mas.

Cuando un aeronave se queda sin su sistema de luces durante un vuelo nocturno, será incapaz de ser vista por otras aeronaves ya que sus luces exteriores (luces de navegación, estroboscópicas, beacon, y aterrizaje) quedarán completamente apagadas, haciendo invisible a la aeronave para el resto de los aviones en las cercanías y para la misma torre de control, quien no podrá observarla durante la aproximación y el aterrizaje.

Por otra parte, el panel de instrumentos ya no estará iluminado para que el piloto acceder a la información fácilmente. En este caso, es indispensable que el piloto cuente con una linterna o algún sistema de iluminación externo y ajeno al sistema eléctrico de la aeronave. Por esta razón, una linterna es parte del equipamiento obligatorio de la aeronave para realizar un vuelo nocturno.

Una fase eléctrica puede presentarse de forma parcial o de forma total. En el caso de que sea una falla eléctrica total, ya no habrá nada que hacer, más que operar la aeronave para aterrizar lo antes posible y de la forma más segura que se pueda.

Por otra parte, en caso de una falla eléctrica parcial, el piloto puede tomar acciones para reducir la carga eléctrica que le demande la aeronave y ayudar al sistema a resistir para que pueda aterrizar lo antes posible. Reducir la carga eléctrica implica utilizar los sistemas eléctricos a demanda y no de forma constante. Por ejemplo, apagar las luces del panel de instrumentos y utilizar una linterna para su iluminación, apagar todos los equipos de radio y encenderlos sólo para su uso, notificando el control de tránsito de esta situación y de las acciones que el piloto tomará.

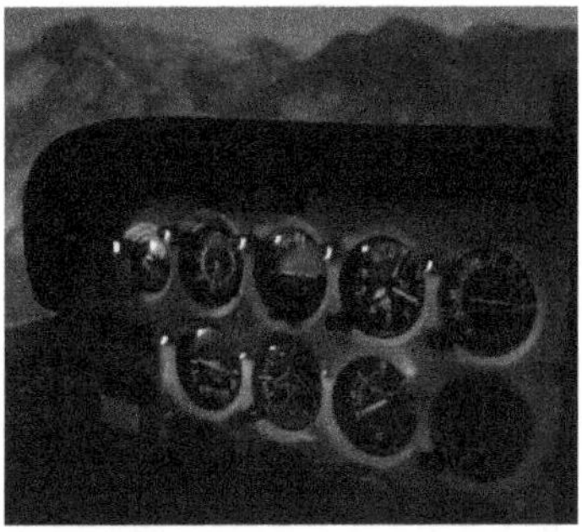

En cuanto las luces exteriores, no es recomendable apagarlas para reducir la carga eléctrica cuando se vuelen zonas donde existan otras aeronaves, pero sí es posible hacerlo durante un trayecto de la navegación donde no existan la necesidad de ser vistos por otras aeronaves ni por la torre de control. Pero recuerda, al ingresar en las cercanías del aeropuerto, las luces de navegación y las luces estroboscópicas deberán ser encendidas nuevamente, no solo para ser observado por otras aeronaves, sino para que la aeronave pueda ser vista por la torre de control durante la aproximación. Durante este trayecto de aproximación, la aeronave deberá encender el faro de aterrizaje.

El aterrizaje sin luces en el panel, no presenta una mayor dificultad, salvo la necesidad de iluminar a los instrumentos con una linterna o artefacto similar. Por otra parte, el aterrizaje sin la luz del faro de aterrizaje encendida presenta un problema de visibilidad, no del ambiente, sino de la superficie de la pista. Una situación que no es habitual para el piloto, quien está acostumbrado a observar la superficie de la pista para hacer el primer contacto en el aterrizaje. Esta situación suele influir en la fuerza del impacto de la aeronave con la superficie de la pista, ya que es normal que el flare se

realice a destiempo, generando un aterrizaje fuerte, conocido como "hard landing". Ante esta situación, es importante prestar especial atención a las luces de los laterales de la pista, ya que serán la única referencia visual del acercamiento al suelo.

Al finalizar el aterrizaje, y luego de recibir las instrucciones de rodaje, es necesario volver a reducir la carga eléctrica apagando la luz de aterrizaje y todas las luces interiores, ya que de continuar la falla, podrías afectar al sistema de comunicaciones y el piloto quedaría incomunicado con la torre de control.

Recuerda, una falla parcial en el sistema eléctrico, es momentáneamente una urgencia, pero podría volverse una emergencia si la falla se vuelve total, dejando a la aeronave a oscuras e incomunicada.

Falla de comunicaciones

Una falla en las comunicaciones de una aeronave es un riesgo que afecta a la seguridad del vuelo, tanto de día como de noche. Cuando se corta el lazo de comunicación entre la torre de control y el piloto, ambas partes desconocen la intención de cada una de estas y quedan operando "a ciegas". Esta clase de fachas puede deberse a una falla en el sistema eléctrico, o alguna falla en el mismo equipo de comunicaciones. Ante la posibilidad de sufrir esta eventualidad, siempre es recomendable que el piloto cuente con un equipo portátil de comunicación (handy VHF).

Desde la torre de control, no es posible detectar que una aeronave ha perdido la capacidad de establecer comunicación, por tal, la primera acción del piloto, luego de confirmar la falla, será activar el código 7600 en el transponder, código internacional para falla de comunicaciones. Está advertencia es detectada por el radar e informa a la torre de control que la aeronave ya no es capaz de establecer comunicación por los medios habituales de radio.

La falla de comunicación puede darse en diferentes etapas del vuelo, y para cada una de estas, existe un procedimiento determinado. Para las comunicaciones entre el piloto y la torre de control, existe un código de señales luminosas para establecer comunicación tanto en tierra como en vuelo. Pero no solo es necesario establecer comunicación con la torre de control, sino también con el personal de tierra que ayuda a operar la aeronave de forma segura. Para estos casos no existe un código de señales luminosas, pero sí un código de señales manuales que determinar acción y respuesta.

Las funciones de señales por parte del personal en tierra han evolucionado con el correr de los años. En sus inicios personal de la compañía aérea guiaba a la aeronave en tierra con sus manos haciendo señales a fin de posicionar la aeronave en un punto determinado al cual los pilotos no tenían acceso visual desde la cabina. El constante avance en la industria de aeronáutica llevó a mejorar estas técnicas implementando herramientas como linternas y barras de señales a fin de poder ofrecer el servicio ante condiciones de visibilidad reducida.

La principal función del personal en tierra encargado de las señales es guiar a la aeronave en el trayecto correcto hasta la posición deseada por medio de señales estandarizadas. En algunos aeropuertos de gran porte donde la congestión de tránsito lo requiera, es posible encontrarse la figura de "wingwalker" o señalero de puntas de ala. Se trata de personal de tierra adicional que verifica el movimiento de la aeronave y evita la colisión con otras.

A continuación se describen las señales estandarizadas por parte del personal de tierra:

Posición de wingwalker: sobre esta posición, el señalero advierte al resto del personal de tierra y al piloto sobre el libre movimiento de la aeronave. El procedimiento consiste en mantener elevado el brazo derecho con la herramienta de señalización y con el brazo izquierdo generar un movimiento lateral hacia arriba y hacia abajo sin superar la altura del hombro ni sobrepasar la posición de la pierna izquierda.

Identificación de posición: ubicándose justo al frente de la posición de estacionamiento asignada, el señalero le informa al piloto que es la posición correcta a fin evitar confusiones con el resto de las posiciones. El procedimiento se basa en mover los brazos rectos desde arriba hacia abajo con la manos y las herramientas de señalización rectas, siempre enfrentando a la aeronave a fin de que el piloto comprenda que debe acercarse hacia el señalero.

Indicación de movimiento: con esta señalización el personal de tierra comunica que la aeronave debe dirigirse hacia otro señalero en la dirección que indica con su movimiento. En caso de que no exista señalero en las cercanías, este movimiento indica que siga las instrucciones del control. El procedimiento se realiza con los dos brazos desde arriba bajando hacia uno de los lados hasta la altura del hombro.

Continuar al frente: una vez que la aeronave ya está enfrentando la posición adecuada, el señalero le indica que continúe al frene hasta tanto le indique que debe detenerse. Este procedimiento se realiza con los brazos extendidos y agitando el antebrazo desde el centro hacia arriba una y otra vez. Cabe mencionar que esta indicación no solo implica que la aeronave debe seguir al frente, sino que también debe hacerlo por la línea amarilla central. En caso de algún desvío, el señalero le advertirá al piloto.

Corrección por desvío: en caso de que la aeronave se aparte de la línea amarilla central del rodaje, el señalero le indicará al piloto la dirección hacia la que debe girar el tren de nariz a fin de volver a la posición correcta. Este procedimiento se realiza de dos maneras, dependiendo del lado a corregir.

Si la aeronave debe girar a la izquierda (vista desde la cabina), el señalero mantendrá su brazo derecho recto y paralelo al suelo, mientras que con su brazo izquierdo realizará un movimiento de 90° de arriba hacia abajo hasta la altura del hombro.

Si la aeronave debe girar a la derecha (vista desde la cabina), el señalero mantendrá su brazo izquierdo recto y paralelo al suelo, mientras que con su brazo derecho realizará un movimiento de 90° de arriba hacia abajo hasta la altura del hombro.

Parada normal: una vez que la aeronave está llegando al punto final del movimiento, el señalero le indica lentamente que se acerca el momento de detenerse a fin de evitar una frenada brusca de la aeronave. El procedimiento inicia con ambos brazos extendidos y paralelos al suelo y a medida en que la aeronave se va acercando al punto final, los brazos se van levantando hasta llegar a estar cruzados por encima de la cabeza del señalero indicando al piloto que ya debe detener la marcha.

Parada anormal: ante cualquier situación que ponga en riesgo la seguridad de la operación, el señalero puede informar al piloto que debe detenerse inmediatamente. El procedimiento se basa en realizar un movimiento de 90° cruzando los brazos por encima de la cabeza una y otra vez en señal de situación anormal.

Indicación de frenos: al llegar a la posición final y parar su marcha, el piloto debe activar los frenos al momento en el que el señalero le indique que ya no necesitará ningún otro movimiento de la aeronave. Este procedimiento consiste en mantener un brazo extendido y paralelo al cuerpo mientras que se levanta la mano del otro brazo hasta la altura del hombro con la palma abierta y al indicar la activación de los frenos la palma se cierra quedando el puño cerrado hasta que el piloto confirme el freno activado.

Ante la situación opuesta, donde la aeronave esté por iniciar su movimiento, el piloto debe liberar los frenos cuando el señalero le indique que no hay obstáculos para iniciar el movimiento. Este procedimiento es similar al anterior pero inicia con el puño cerrado y finaliza con la palma abierta.

Movimiento de calzos: el movimiento de calzos tiene dos finalidades, por un lado de evitar un movimiento indeseado de la aeronave y por otro lado, permitir que la aeronave inicie su movimiento sin obstáculos. En el primer caso, el personal de tierra ubica los calzos entre las ruedas del tren de aterrizaje para evitar su desplazamiento. En el segundo caso, el personal de tierra quita los calzos y libera el espacio entre las ruedas del tren y la superficie del pavimento. El movimiento de calzos colocados se realiza con los dos brazos extendidos y las herramientas de señalización apuntando hacia adentro, desde esta posición, el señalero lleva los brazos desde afuera hacia adentro hasta unir los señaladores.

El movimiento de calzos liberados es similar al anterior pero con los señaladores apuntando hacia afuera y un movimiento desde adentro hacia afuera, inverso al anterior.

Operación de motores: con el objeto de maximizar la seguridad operacional, el personal de tierra debe notificarle al piloto cuando la zona de encendido de los motores esté libre. Este procedimiento se realiza levantando el brazo derecho hasta la altura de la cabeza y realizando círculos, mientras que el brazo izquierdo levantado en diagonal indica con su mano el numero de motor a poner en marcha.

Por otra parte cuando la aeronave ha llegado a su posición final y se ha detenido, es momento de apagar los motores. El personal de tierra debe confirmar que el apagado de los motores ha sido exitoso para que todo el resto del personal pueda acercarse a la aeronave. Éste procedimiento se basa en levantar un brazo e indicar con la mano el número de motor a verificar y con el otro brazo hacer un movimiento desde un hombro hacia el otro a la altura de el cuello con la herramienta de señalización., como si estuviese dibujando una línea recta entre un hombro y el otro.

Disminución de marcha: normalmente la velocidad de rodaje al momento de ingresar a la posición de estacionamiento debe ser la misma que la de un persona caminando. Cuando el personal de tierra considera que la aeronave está excedida en la velocidad de rodaje al momento de ingresar a la posición, debe indicarle al piloto que disminuya la marcha a fin de maximizar la seguridad de la operación. Puede indicar que disminuye la marcha en ambos motores realizando un movimiento hacia arriba y hacia abajo con los dos brazos al mismo tiempo. O bien, puede indicar que el piloto reduzca la marcha de un determinado motor, dejando el brazo del motor con la velocidad correcta pegado al cuerpo, y moviendo de arriba hacia abajo el brazo del lado del motor que debe reducir la marcha.

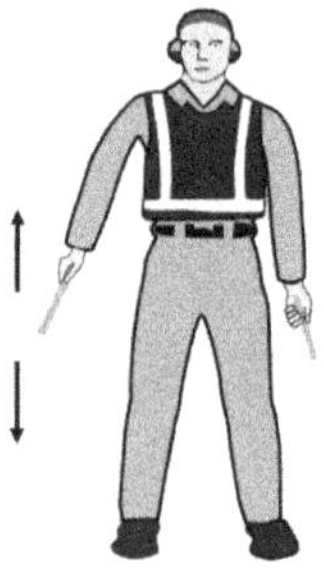

Indicación de fuego: el fuego es uno de los factores más peligrosos al momento de operar una aeronave en tierra. El personal de tierra debe notificar inmediatamente al piloto en caso de que vea fuego o humo en alguno de los motores o sistemas de frenado, siendo estos dos lugares los más comunes donde pueda presentarse el fuego debido a las altas temperaturas que suelen manejar.

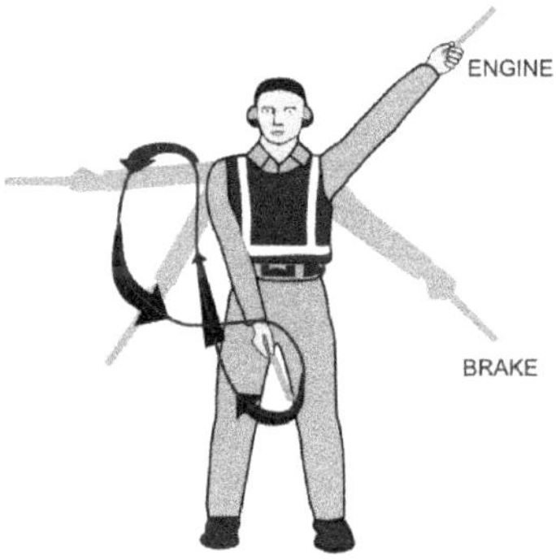

Este procedimiento se basa en realizar círculos con el brazo derecho dibujando un ocho sobre el aire mientras que el brazo izquierdo indica la zona donde está el fuego, el brazo izquierdo arriba indica fuego en el motor y el brazo izquierdo abajo indica fuego en el sistema de frenos.

Mantener posición: en ciertas ocasiones el personal de tierra necesita que la aeronave mantenga la posición por unos instantes hasta terminar todas las tareas relativas a la señalización. Para indicar esta solicitud, el personal de tierra mantendrá sus brazos extendidos en diagonal y hacia abajo.

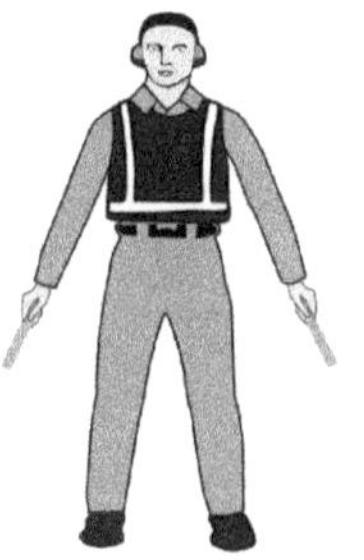

Operación GPU (ground power unit): con el objeto de ahorrar combustible y poder apagar las turbinas de la aeronave, las líneas aéreas suelen proveer a sus aviones con equipos de tierra que ofrecen potencia eléctrica y neumática para abastecer a la aeronave de manera externa mientras tenga sus motores y APU apagados. La operación de esta unidad auxiliar es coordinada entre el piloto y el personal de tierra, tanto para la conexión como para la desconexión del equipo con la aeronave.

El procedimiento de señalización para la conexión se basa en extender la palma de una mano de forma horizontal y la palma de la otra mano de forma vertical justo debajo de la anterior y realizando un movimiento hacia arriba simulando la conexión de las manos.

Para el caso opuesto, el procedimiento de señalización para la desconexión será a la inversa. Una palma extendida horizontalmente y la otra verticalmente unida a la anterior pero realizando un movimiento hacia abajo simulando una desconexión.

sonal de tierra y la cabina de mando se lleva a cabo mediante un sistema de interfonía de cada aeronave. Para este procedimiento, tanto el piloto como el personal de tierra solicitan la conexión del sistema llevando sus manos hacia la cabeza y tapando las orejas.

Operación escaleras: algunos modelos de aeronaves poseen sus propias escaleras para el descenso de pasajeros. El personal de tierra debe informar al piloto de que la zona de operación de la escalera esta libre de obstáculos y ya puede ser extendida. Para este procedimiento, levanta su brazo izquierdo a 45° por encima de la cabeza y con su brazo derecho realiza un movimiento en diagonal desde su hombro izquierdo hasta el sector inferior derecho. Otras de las señales habituales son las que realiza el piloto hacia el personal de tierra. Con la misma finalidad que las anteriores, intenta advertir al señalero de una situación o requerimiento en particular.

Frenos activados: el piloto levanta su brazo hasta la altura de los hombros con sus dedos extendidos y realiza un movimiento para cerrar su puño indicando que los frenos has sido conectados.

Frenos desactivados: similar al anterior, con el brazo a la altura de los hombros, inicia con el puño cerrado y realiza un movimiento para extender sus dedos y abrir por completo la palma indicando que los frenos has sido liberados.

Colocación de calzos: a fin de solicitar el colocación de los calzos, el piloto levanta sus brazos de forma vertical y con sus palmas extendidas haciendo un movimiento desde afuera hacia adentro.

Liberación de calzos: para solicitar la liberación de los calzos, el piloto realiza un movimiento similar al anterior pero desde adentro hacia afuera.

Encendido de los motores: cuando el piloto ha realizado todos los procedimientos previo a la puesta en marcha, debe notificarle al personal de tierra sobre su intención de encender un determinado motor. Para ello, levanta su mano e indica con sus dedos, el numero de motor a encender.

Respecto de las comunicaciones entre el piloto y la torre de control, pueden darse ante dos escenarios diferentes, con la aeronave durante la operación en tierra, y con la aeronave durante la operación en vuelo.

Ante una falla de comunicación en las cercanías de la torre de control del aeropuerto, el operador o controlador de tránsito puede emitir señales luminosas codificadas para transmitir un mensaje a la aeronave que no logra establecer comunicación radial.

Para codificar estos mensajes se establecen tres colores: verde, el rojo y el blanco. Esta función está a cargo del operador de la torre de control y se lleva a cabo con un procedimiento especial junto a un equipo certificado para tal fin. Éste equipo cuenta con emisión de luces de largo alcance, capaces de emitir los códigos que se mencionan en las siguientes páginas.

La mayoría de estos dispositivos cuentan con una mira para que el operador apunta directamente hacia la aeronave a la que desea comunicar su mensaje.

Los mensajes codificados pueden ser emitidos tanto de la torre de control como de la misma aeronave. A continuación se detallan todas las situaciones previstas con sus respectivos códigos:

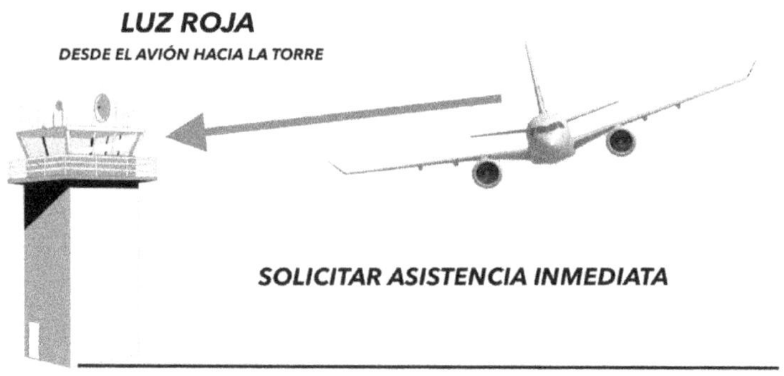

Durante la etapa de rodaje, el controlador puede solicitar al piloto que se detenga de inmediato emitiendo una luz roja desde la torre hacia la cabina.

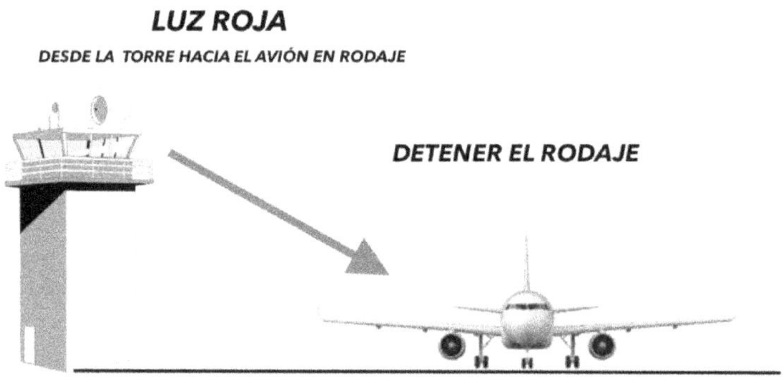

Una de las señales más importantes del código de color rojo es el destello de luz roja desde la torre a hacia la aeronave indicando que no puede aterrizar debido a que el aeródromo está cerrado.

Considerando el mismo destello de luz roja pero hacia una aeronave en tierra, la torre está solicitando despejar la pista inmediatamente para permitir otro aterrizaje.

Pasando al código de color verde, una señal de destellos de luz de este color desde la torre hacia el avión en vuelo, indica el requerimiento de qué la aeronave regrese al aeródromo y aguarde instrucciones.

El mismo destello de luz verde desde la torre hacia la aeronave en tierra indica la autorización para iniciar el rodaje.

Cuando la señal de luz sea sólida y de color verde desde la torre hacia la aeronave está indicando la autorización para aterrizar.

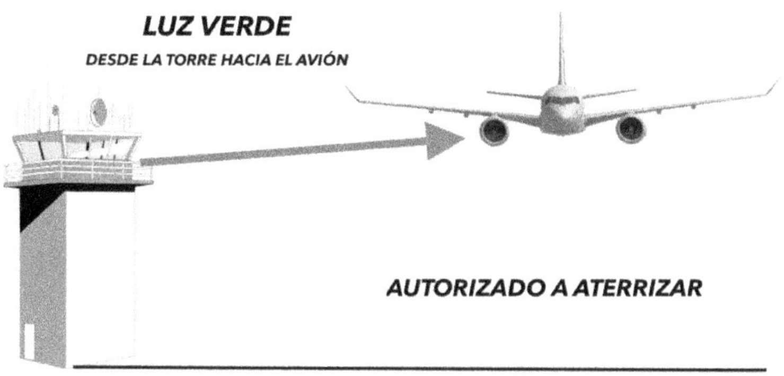

Esta misma señal sólida de color verde pero hacia una aeronave en tierra indicará la autorización para despegar.

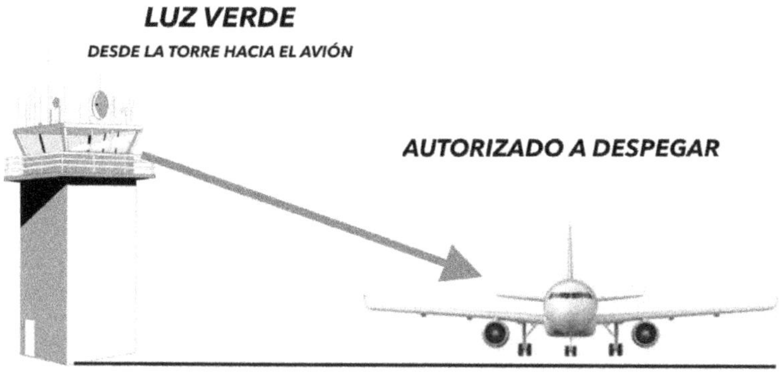

La misma luz verde pero emitida desde la aeronave hacia la torre estará indicando la solicitud de autorización para aterrizar.

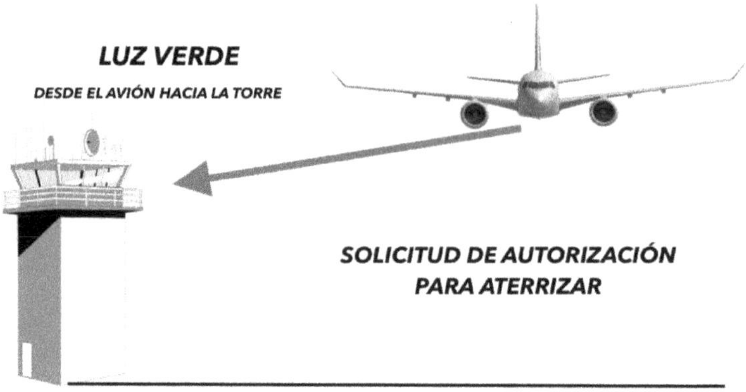

Finalizando con el código de color blanco, una luz destellante de este color desde la torre hacia la aeronave envía el mensaje de qué puede aterrizar en el aeródromo y aguardar instrucciones.

Esta misma señal de luz blanca destellante pero emitida desde la torre hacia una aeronave en tierra le estará indicando al piloto que debe regresar al punto de partida.

Procedimientos ante una falla de comunicaciones

Las fallas de comunicación abarcan un amplio espectro de posibilidades durante las operaciones diarias. Estas fallas pueden darse en enlaces AIRE AIRE, AIRE TIERRA o en alguno de los receptores.

Cuando una aeronave no pueda establecer contacto con la estación aeronáutica apropiada en el canal designado, tratará de establecer contacto en el canal utilizado anteriormente y, si no lo logra, en otro canal apropiado a la ruta. Si estas tentativas no dan resultado, la aeronave tratará de establecer comunicación con la estación aeronáutica apropiada, otras estaciones aeronáuticas u otra aeronave usando todos los medios disponibles y comunicará a la estación aeronáutica que no pudo establecer contacto en el canal asignado.

Además, una aeronave que opere en la red deberá escuchar en el canal VHF apropiado, las llamadas de aeronaves cercanas, considerando que la estación de tierra pueda estar presentando problemas de recepción.

Si fallasen los intentos mencionados, la aeronave transmitirá su mensaje dos veces en el canal o canales asignados, precedido de la frase "TRANSMITIENDO A CIEGAS" y, si fuera necesario, incluirá al destinatario o destinatarios del mensaje. Antes de cambiar de frecuencia, la aeronave debería anunciar a qué frecuencia va a pasar.

Cuando la aeronave no pueda establecer comunicación debido a falla del receptor, transmitirá informes a las horas o posiciones previstas, en la frecuencia utilizada hasta ese momento, precedidos de la frase "TRANSMITIENDO A CIEGAS DEBIDO A FALLA DE RECEPTOR". La aeronave transmitirá el mensaje seguido de una repetición completa.

Durante este procedimiento la aeronave comunicará también la hora de su siguiente transmisión prevista. Cuando una aeronave no pueda establecer comunicación por falla del equipo de a bordo, seleccionará, el código de respondedor 7600 para indicar la falla de radio.

Si la estación aeronáutica de tierra (torre de control) no ha podido establecer contacto con una aeronave, después de haber llamado en las frecuencias principal y secundaria que se cree que la aeronave está utilizando, hará lo siguiente:

- Solicitará a otras estaciones aeronáuticas que le presten ayuda llamando a la aeronave y retransmitiendo el tráfico, si fuera necesario;
- Solicitará a otras aeronaves en la ruta que intenten establecer comunicaciones con la aeronave y retransmitan el tráfico, si fuera necesario.

Comunicaciones de socorro y urgencia

La comunicación de socorro y de urgencia comprenderá todos los mensajes relativos a las condiciones de peligro y de urgencia, respectivamente. Las condiciones de peligro y de urgencia se definen así:

- **Peligro:** condición de estar amenazado por un riesgo serio o inminente que requiere de ayuda inmediata.

- **Urgencia:** condición que afecta a la seguridad de una aeronave, de otro vehículo, de alguna persona a bordo o que esté al alcance de la vista, pero que no exige ayuda inmediata.

La señal internacional de socorro MAYDAY y la señal internacional de urgencia PAN, PAN se usarán al comienzo de la primera comunicación de socorro y de urgencia, respectivamente.

Estas comunicaciones se mantendrán, por lo general, en la frecuencia en que se iniciaron, hasta que se considere que puede prestarse mejor ayuda mediante su transferencia a otra frecuencia. Pueden utilizarse, según corresponda, las frecuencias de 121,5 MHz (frecuencia internacional de socorro) o las frecuencias VHF o HF alternativas que estén disponibles.

Comunicación de socorro: El procedimiento para una comunicación de socorro inicia con la mención del código internacional de socorro MAYDAY repetido tres veces, y adoptando el siguiente formato del mensaje:

1. El nombre de la estación llamada (torre o dependencia de control)
2. La identificación de la aeronave.
3. La naturaleza de la condición de peligro.
4. La intención de la persona al mando.
5. La posición actual, nivel (es decir, nivel de vuelo, altitud, etc., según corresponda) y rumbo.

Esta estructura de comunicación debe ser respetada siempre y cuando las condiciones lo permitan, ya que se trata de un modelo que facilita el entendimiento del o los receptores. A continuación se detalla un ejemplo sobre una emergencia con falla de motor durante el ascenso:

- MAYDAY, MAYDAY, MAYDAY. Barcelona control. N1232. Falla del motor derecho con pérdida de potencia. Requerimos detener el ascenso y nivelar a NUEVE MIL pies (9000ft). Rumbo actual DOS CUATRO CERO (240º). Cruzando OCHO MIL OCHO CIENTOS pies (8800ft).

Por su parte, la estación llamada por la aeronave en peligro o la primera estación que acuse recibo del mensaje de socorro deberá:

- Acusar recibo del mensaje de socorro.

- Hacerse cargo del control de las comunicaciones o transferirá específica y claramente dicha responsabilidad, informando a la aeronave de cualquier transferencia que se haga.

- Tomar medidas inmediatas para cerciorarse de que la tripulación pueda disponer de toda la información necesaria, tan pronto como sea posible.

- Avisar a otras estaciones, según corresponda, a fin de impedir la transferencia del tráfico a la frecuencia en que se hace la comunicación de socorro.

La estación encargada de la emergencia estará autorizada para imponer silencio ya sea a todas las estaciones cercanas dentro del área o a cualquier aeronave que perturbe la comunicación de socorro. Dirigirá esta instrucciones "a todas las estaciones", indicando: CESE DE TRANSMITIR o MAYDAY en progreso.

Cuando una aeronave ya no esté en peligro, transmitirá un mensaje para anular la condición de peligro. Se terminarán las condiciones de comunicaciones de socorro, y del silencio, mediante la transmisión de un mensaje que incluya las palabras "TRÁFICO DE SOCORRO TERMINADO", en la frecuencia o frecuencias que se estén utilizando para las comunicaciones de socorro. Dicho mensaje sólo podrá ser iniciado por la estación que controle las comunicaciones.

Comunicación de urgencia: El procedimiento para una comunicación de urgencia inicia con la mención del código internacional de urgencia PAN PAN repetido tres veces, y adoptando el siguiente formato del mensaje:

1. El nombre de la estación llamada (torre o dependencia de control)

2. La identificación de la aeronave.

3. La naturaleza de la condición de peligro.

4. La intención de la persona al mando.

5. La posición actual, nivel (es decir, nivel de vuelo, altitud, etc., según corresponda) y rumbo.

6. Cualquier información adicional que sirva de utilidad para la situación.

- *PAN PAN, PAN PAN, PAN PAN. Mexico control. LT4541. Pasajero descompensado. Requerimos retornar al aeropuerto de Mexico y solicitamos asistencia medica al arribo.. Rumbo actual UNO SEIS CERO (160°). En ascenso, cruzando nivel de vuelo DOS CINCO CERO. El pasajero, un hombre de 45 años, se ha desmayado en reiteradas ocaciones y padece falta de aire constante.*

Nótese que el punto numero seis, indica informar cualquier dato adicional que ayude a recibir la situación al arribo. En este caso una descripción de la aparente situación médica del pasajero. En ambos casos, tanto para la comunicación de socorro como la comunicación de urgencia, resulta indispensable establecer el código 7700 en el respondedor, código internacional de emergencias.

Código Morse

Como último recurso siempre se cuenta con el antiguo código Morse compuesto por rayas y puntos que codifican letras para componer un mensaje mediante pulsaciones eléctricas. Éste código fue inventado en el año 1830 por Samuel Morse. Se trata de un sistema de codificación de caracteres que permite que los operadores puedan enviar mensajes utilizando pulsaciones eléctricas que pueden ser representadas como cortas o largas, o dicho de otra forma, como puntos y rallas. Si bien, en sus inicios, el código Morse fue principalmente usado con final feliz tardes, con el correr de los años fue expandiendo sus fronteras hasta llegar a la aviación actual. Con el avance constante de la tecnología y los recursos de comunicación, el código Morse hay ido perdiendo protagonismo pero sigue siendo una excelente herramienta a tener en cuenta en caso de falla de comunicaciones, una herramienta que el piloto debería tener siempre a mano en su maleta de vuelo.

Si bien resulta difícil descifrar una frase en código Morse, es posible lograrlo con un poco de práctica y siempre teniendo la cartilla con los códigos de cada letra al alcance de la mano. En caso de falla de comunicación, el piloto podría recurrir a esta información para deletrear la matrícula de su aeronave, y cualquier otra información que desee.

Código Morse

A	B	C	D	E	F
.–	–...	–.–.	–..	.	..–.
G	H	I	J	K	L
––.	....	..	.–––	–.–	.–..
M	N	O	P	Q	R
––	–.	–––	.––.	––.–	.–.
S	T	U	V	W	X
...	–	..–	...–	.––	–..–
Y	Z	Ã	Á	À	Â
–.––	––..	.––.–	.––.–	.––.–	.––.–
Ç	É	Ê	Ó	Ô	0
–.–..	..–..	–..–.	–––.	–––.	–––––
1	2	3	4	5	6
.––––	..–––	...––	....–	.....	–....
7	8	9			
––...	–––..	––––.			

Cada palabra se compone por letras con sus respectivos códigos. En caso de que sea una frase con varias palabras, éstas estarán separadas por un espacio de tiempo en silencio a fin de representar la separación entre palabra y palabra. Es importante que el piloto comience a familiarizarse con el código Morse y tenga conocimiento de cómo suena el nombre de la matrícula de su aeronave, el modelo de su avión, su nombre, etc.

C172: -.-. .---- --... ..—

A320: .- ...-- ..--- ——

Mi avión: -- .. .- ...- .. ---. -.

Soy el piloto del avión:

... --- -.-- . .-.. .--. .. .-.. --- - --- -.. . .-.. .- ...- .. ---. -.

Falla de motor

La falla de motor es una de las emergencias mas peligrosas durante todas las operaciones. Esta emergencia suele agravarse cuando la aeronave es monomotor, o cuando la operación se desarrolla durante la noche.

Una falla de motor durante el día ofrece un mayor tiempo para la resolución del conflicto, planificando en detalles el lugar donde se prevea aterrizar de emergencia, seleccionando un campo, una ruta, un camino, evitando obstáculos en la inevitable trayectoria de descenso, y prestando atención al exterior sin descuidar el vuelo desde el interior. Por otra parte, cuando la emergencia de una falla de motor se da de noche, todas las variables mencionadas no se aplicarán.

El piloto no tendrá tiempo de planificar correctamente un aterrizaje en una zona determinada, no podrá buscar fácilmente un lugar apto para aterrizar, ya que por su ventanilla solo podrá ver oscuridad, si la falla se da en ruta, o solo podrá ver luces si la falla se da sobre una zona poblada. Tampoco tendrá la posibilidad de analizar y evitar obstáculos en su trayectoria de descenso, y deberá prestar especial atención a lo que sucede con los instrumentos de control, a fin de evitar movimientos o maniobras no deseadas a causa de una desorientación espacial, tal como se ha mencionado en párrafos anteriores.

En caso de una falla de motor durante una operación nocturnos, se recomiendan las siguientes consideraciones:

Mantener el control de la velocidad y establecer una senda de planeo suave, evitando virajes de gran inclinación, buscando retornar al aeropuerto (en caso de un despegue reciente), o buscar una zona apta para el aterrizaje lo antes posible.

Verificar las posibles causas de la falla del motor, posición del selector de combustible, posición de la llave de ignición, palanca de mezcla, entre otras variables. En caso de considerarlo posible, intentar un reencendido en vuelo.

Una vez definida la emergencia, notificar lo antes posible al control de tránsito aéreo, informando de la situación y de laos pasos a seguir. En este punto es posible solicitar vectores radar para un retorno inmediato, a fin de reducir la carga de trabajo del piloto mientras intenta descubrir el origen de la falla.

En caso de no tener mas opción que aterrizar fuera del aeropuerto, es importante hacerlo en la zona mas cercana a las zonas habitadas, a fin de facilitar el camino a los servicios de búsqueda y rescate.

Una vez definido el lugar del aterrizaje, intentar dar todas las coordenadas posibles a la torre de control, para que cuenten con la mayor cantidad de información

posible para tu rescate. Recuerda, seguramente debas aterrizar en una zona despoblada y completamente a oscuras, esto hará difícil tu rescate, por tal, cuanto mas claro seas en la información que brindes, mas herramientas tendrán los grupos de rescate para encontrarte.

De ser posible, el aterrizaje debe ser con todas las luces encendidas, interiores y exteriores. Una vez que hayas aterrizado, deberás apagar todas las luces y cortar la energía para preservar la carga de la batería el mayor tiempo posible, la necesitarás para las comunicaciones por radio.

Emergencias de origen meteorológico

Finalmente, una de las situaciones mas habituales que podrían poner al vuelo ante una situación de riesgo, es el repentino cambio en las condiciones meteorológicas durante la trayectoria de vuelo.

Durante los vuelos nocturnos, no es posible observar el panorama al frente del parabrisas, por tal, el piloto no podrá detectar frentes, o formaciones nubosas significativas hasta tanto no esté cerca o dentro de ellas. Esto puede implicar que el vuelo se encuentre con fenómenos meteorológicos de forma repentina, como lluvias, granizo, turbulencia, entre otros mas.

Por otra parte, las tormentas eléctricas son mas fáciles de identificar, ya que la presencia de relámpagos iluminarán el cielo parcialmente.

Ante esta situación, el piloto tiene tres opciones: retornar al aeropuerto de origen, desviarse hacia la alternativa, o intentar pasar por la zona, sabiendo que desconocerá lo que pueda suceder, mas allá de la información que posea en los reportes meteorológicos.

Aviation Bookstore
aviation step by step

Capítulo 4

Fisiología humana en vuelos nocturnos

Aviation Bookstore
aviation step by step

Aviation Bookstore
aviation step by step

Introducción

El vuelo nocturno, al igual que el vuelo instrumental, está directamente relacionado a la fisiología del cuerpo, es decir, el comportamiento de nuestros órganos juega un papel fundamental al momento de realizar un vuelo nocturno. Entender conceptos básicos de la fisiología humana, ayudará al piloto a tener presente los posibles efectos adversos que ésta pueda tener a lo largo de un vuelo.

Al desarrollar un vuelo nocturno, el piloto puede sufrir diferentes sensaciones falsas respecto de lo que realmente sucede en su entorno. Este error en las percepciones se da al verse afectado los sistemas sensoriales de la persona, y se representa como una sensación de vuelo diferente a la que indican los instrumentos de la aeronave. Aquí es donde comienza el error típico en estos casos, donde el piloto podría hacer caso omiso a la información de los instrumentos de vuelo y confiar en las sensaciones que su cuerpo le transmite.

Tener conocimientos de los sistemas sensoriales y sus posibles efectos en un vuelo nocturno, da la posibilidad de entender el margen de error de estos, y en consecuencia a ello, tomar las acciones necesarias para prevenir una falsa sensación de vuelo.

Una de las premisas más importantes en el vuelo nocturno es, sin lugar a dudas, confiar en la información que brindan los instrumentos de vuelo y no en la sensaciones que transmite nuestro cuerpo, ya que éstas, seguramente sean erróneas respecto de la realidad.

Sistemas Sensoriales

Los sistemas sensoriales se describen como aquellos que permiten detectar la presencia de algún evento o estímulo externo sobre el organismo del ser humano. Al combinar alguno de estos sistemas con un proceso psicológico interno dentro del cerebro, se logra la percepción del evento.

Al igual que toda las sensaciones del cuerpo humano, la percepción se verá afectada por diferentes factores externos como por ejemplo los factores ambientales durante un vuelo en meteorología adversa, vuelos nocturnos, o bien, factores internos del ser humano como ser el agotamiento o el estrés físico y/o psicológico.

Por lo tanto, no es posible desconocer que, mientras se está volando, existe la posibilidad de que suceda una pérdida de las capacidades de percepción.

Los sistemas que más se relacionan e influyen sobre la actividad aérea son el sistema visual, el vestibular y el propioceptivo, los que serán analizados a continuación.

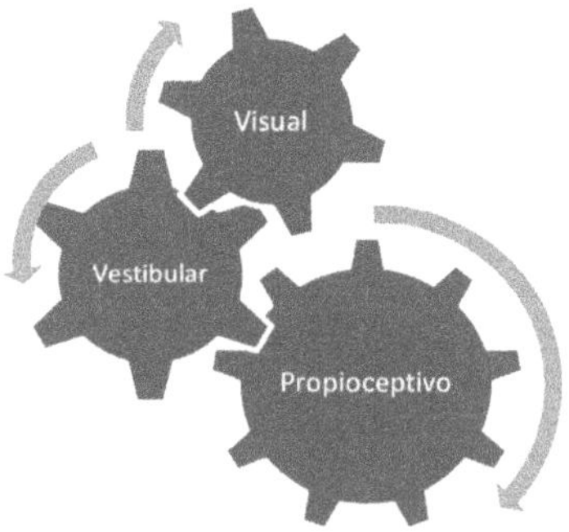

Sistema Visual

El sistema visual comprende uno de los más importantes dentro de los órganos que definen el equilibrio. En el transcurso de un vuelo nocturno, el mayor porcentaje de información se recibe por los ojos al visualizar y decodificar lo que indican los instrumentos de vuelo. En los primeros pasos del entrenamiento en el vuelo nocturno e instrumental, resulta difícil ignorar las sensaciones del cuerpo y confiar en lo que el sistema visual está observando en los instrumentos, pero con el correr de las horas de práctica, se logra mayor confianza en la información que ingresa por el sistema visual más que en la información que reciben las sensaciones del cuerpo. Esto hará que el piloto evite desorientarse rápidamente.

La única forma de contrarrestar esas falsas sensaciones es reconocer el problema y confiar completamente en los instrumentos, utilizando los ojos para adquirir la información proporcionada por éstos y con la interpretación de esta información, proceder a recuperar el avión.

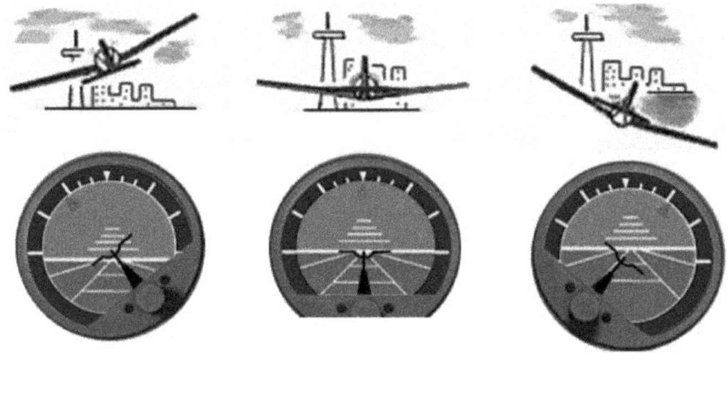

El sistema visual presenta limitaciones que desencadenan en ilusiones visuales.

Ilusiones Visuales

Las ilusiones visuales son las percepciones erróneas del sistema visual que pueden ocurrir en el transcurso de un vuelo nocturno o instrumental. Estas ilusiones erróneas pueden desencadenar en una errónea percepción de la realidad y llevar al piloto a maniobrar la aeronave en un contexto diferente al que debería.

Indicaciones Verticales y Horizontales Falsas

Se producen cuando se vuela sobre capas inclinadas de nubes o terreno que se inclina gradualmente hacia arriba hasta convertirse en terreno montañoso. Las condiciones anteriores inducen al piloto a mantener como referencia este falso horizonte, lo que implica mantener una inclinación alar con respecto al horizonte verdadero.

La forma de evitar esta ilusión es mantener una constante supervisión sobre el instrumento de control que indique la actitud de la aeronave, pudiendo ser el horizonte artificial en algunos, o indicador de actitud en otros, y esto a pesar de encontrarse en condiciones de vuelo visual, diurno o nocturno. Considerando que estas ilusiones pueden ser ajenas a condiciones meteorológicas instrumentales, suelen ser las más comunes.

Confusión de la Tierra y el Cielo

Se produce en noches despejadas, cuando no existe horizonte visible, ni luna. Las luces en la tierra pueden ser confundidas con estrellas o viceversa. Para evitar esta percepción es necesario mantener la actitud del avión en referencia a sus instrumentos.

Autokinesis

Se trata de una ilusión óptica durante vuelos nocturnos o con muy poca luz donde el único punto iluminado pareciera moverse aunque esté completamente quieto. Se produce por la tendencia natural que tienen los músculos del ojo a moverse involuntariamente alrededor de una fuente de luz en la oscuridad. Este movimiento permite mantener la imagen en la retina. Si no se movieran, los químicos dentro del ojo no reaccionarían provocando la desaparición de la imagen.

Considerando que estos movimientos son involuntarios, el cerebro no los percibe y los interpreta como movimiento de la fuente de luz. Esto se traduce en que el piloto cree que esta viendo otro avión cuando realmente esta mirando una fuente de luz como puede ser un planeta o una estrella brillante.

La forma de combatir esta ilusión consiste en mantener una revisión constante de los instrumentos para prevenir o recuperar algún error de percepción. Una forma de disminuir los efectos de este fenómeno consiste en aumentar el brillo, tamaño o número de luces, mover intencionalmente los ojos y eventualmente en forma leve, la cabeza.

Movimiento Relativo

Esta ilusión se genera por el movimiento de otra aeronave en relación a la propia. Un ejemplo de esto es la sensación que se produce cuando una aeronave sobrepasa a la que el piloto esta volando, lo que puede crear la ilusión de que su aeronave esta desacelerando. La forma correcta de evitar esta ilusión es observar momentáneamente otro objeto.

Vértigo por Luz Intermitente

Luces intermitentes con frecuencia desde 4 hasta 20 veces por segundo pueden producir náuseas, adormecimiento general, convulsiones e incluso inconsciencia en individuos que se presenten susceptibles a estos estímulos. Estos pueden sufrir sensaciones inusuales producto de la luz pasando a través de las palas, del rotor o una hélice, o bien, por las luces estroboscópicas. La forma de evitar este tipo de ilusiones es limitar el uso de las luces estroboscópicas u otras que produzcan destellos sólo a los vuelos diurnos o cuando las condiciones meteorológicas no produzcan reflexiones de las mismas.

Ilusión de Agujero Negro

Se produce durante una aproximación nocturna a una pista iluminada dentro de un terreno no iluminado. Esto resulta en una errónea percepción de la profundidad ya que es imposible percibir la altura que se está volando únicamente con las luces de pista. Esto podría provocar una aproximación más baja de lo habitual incrementando el riesgo de impacto contra el terreno.

Para prevenir los efectos de este fenómeno es importante tener en cuenta las siguientes recomendaciones:

- Evitar volar aproximaciones visuales nocturnas prolongadas.
- Descender hasta una altura segura y manténgala hasta estar en la distancia de aproximación para el aterrizaje. Este fenómeno desaparece dentro de las 3 millas hacia la pista.
- Controlar en forma constante la velocidad y la razón de descenso.
- Mantenga siempre como referencia las luces de aproximación visual o PAPI.

Ilusiones de Pista

Las ilusiones visuales también se ven afectadas por las erróneas percepciones de las características de la pista, agravándose aún mas durante los aterrizajes nocturnos.

Ancho de Pista

Al realizar una aproximación hacia una pista más angosta de lo habitual, el piloto sufre una percepción errónea de la altura generando sensación de vuelo más alto que lo real. Esto induce a volar una aproximación más baja, con riesgo de impactar contra el terreno o contra algún obstáculo durante la aproximación final.

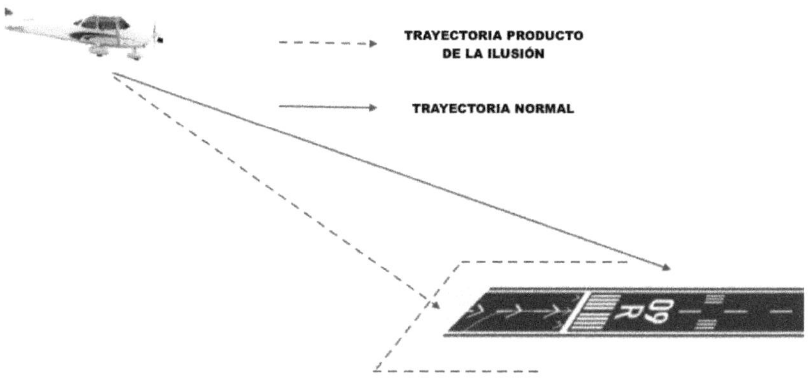

A su vez, una pista más ancha de la acostumbrada tiene el efecto contrario, generando la falsa percepción de sobrevolar una altura más baja que la real. Esto podría causar que el piloto realice la maniobra del FLARE demasiado alto haciendo que el avión se desplome contra la pista.

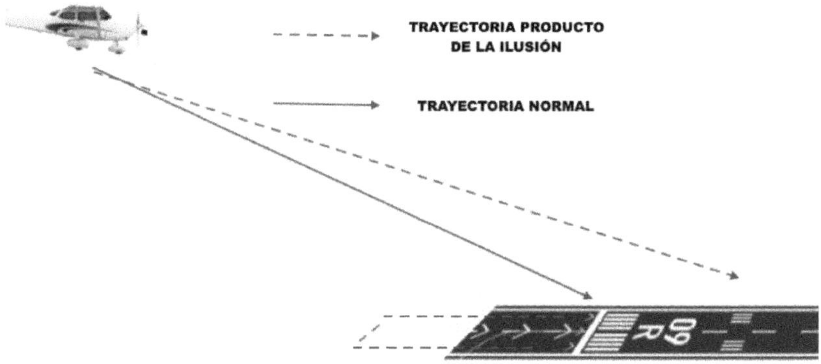

Gradiente de Pista

Una pista con gradiente negativa (pista en bajada) provoca la ilusión de estar efectuando una aproximación de descenso suave, por lo que el piloto tiende ir sobre la trayectoria normal de aproximación para sentirse cómodo.

Una pista con gradiente positiva (en subida), por el contrario, genera la percepción de estar efectuando una aproximación pronunciada, por lo que el piloto tiende a volar bajo la trayectoria normal de aproximación.

Gradiente del Terreno antes de la Pista

Si justo antes del comienzo de la pista existe un terreno con gradiente positiva, como ser en una zona montañosa, al acercarse a la pendiente se genera una ilusión de estar volando sobre una trayectoria de planeo más alta de la correcta y el piloto tendría la tendencia a volar debajo de la senda de planeo.

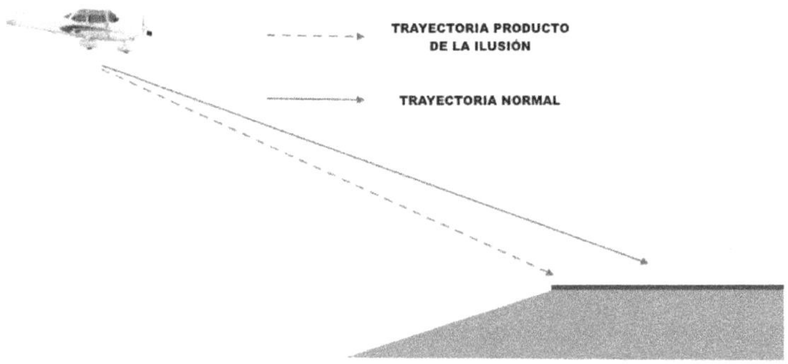

Por el contrario, si el terreno previo de la pista presenta una pendiente negativa o en descenso, es decir, que la pista se encuentra en el valle de la montaña, el escenario inducirá a una ilusión visual de encontrarse debajo de la trayectoria correcta de vuelo, por lo que el piloto, tendrá la tendencia de volar por encima de la senda de planeo.

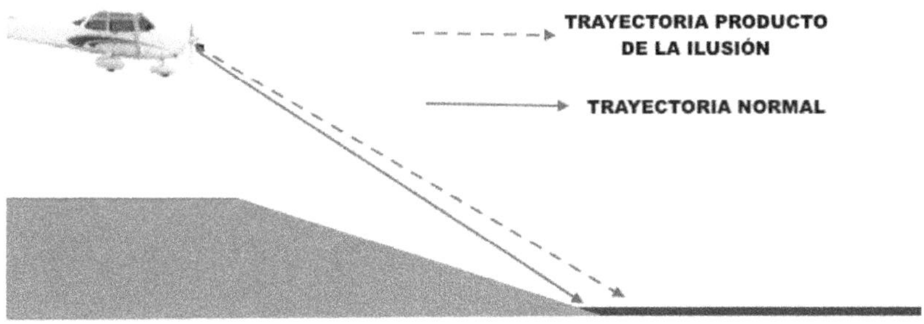

Visión Nocturna

Durante un vuelo nocturno, los ojos utilizan los bastones como fuente primaria de visión, ya que los conos no cuentan con la luminosidad suficiente para activarse. Esto implica que se pierda la agudeza visual y la capacidad de ver en colores, lo que afecta directamente a la percepción de profundidad. Este efecto provoca que se perciba la distancia en función al brillo de las luces. Las luces brillantes parecen más cercanas y las tenues mas lejanas. Por ejemplo, al disminuir o aumentar la intensidad de las luces de pista, ésta parecerá más cercana o lejana.

La relación principal entre la utilización de la visión nocturna y el vuelo instrumental esta dada en los momentos de transición de vuelo instrumental a vuelo visual, etapa que resulta clave al momento de decidir aterrizar o frustrar una aproximación. Con el fin de que los ojos obtengan una adaptación optima para vuelo nocturno, se requiere de un tiempo de 30 a 45 minutos en un ambiente de iluminación mínima. Mientras más baja sea esta iluminación, menor es el tiempo requerido.

Efectos De Fenómenos Meteorológicos Asociados A Las Ilusiones Visuales

Los fenómenos meteorológicos pueden presentar falsas percepciones de la realidad en un vuelo instrumental. Esto podría generar que el piloto opere la aeronave de forma incorrecta si es que no logra identificar estos efectos o ilusiones visuales. Conozcamos los mas habituales:

Lluvia: Reduce brillo y claridad. Da la ilusión de venir alto en la aproximación.

Nieve: Reduce el contraste y se hace difícil identificar las marcaciones de pista, afectando a la percepción de profundidad.

Niebla: Cuando esta a baja altura, el piloto perderá la mayoría de sus referencias visuales. La niebla reduce la intensidad de las referencias visuales provocando la ilusión de estar alto y lejos de la pista.

Neblina / Humo: Provoca que los objetos se vean borrosos. Reduce el contraste de colores haciendo que éstos parezcan más lejanos, dando la ilusión de estar alto.

Sistema Vestibular

La función de este sistema consiste en entregar información de aceleraciones lineales y angulares al sistema visual, ayudando a la estabilización de los ojos cuando la cabeza o el cuerpo se mueven. De lo contrario el resultado sería una visión borrosa. El segundo propósito es, en la ausencia de visión, entregar una percepción de posición y movimiento, la que es bastante confiable en tierra. Sin embargo, en vuelo este sistema no puede ofrecer una orientación real. El principio de funcionamiento de este sistema se basa en dos sensores. Los canales semicirculares y los órganos otolitos del oído interno.

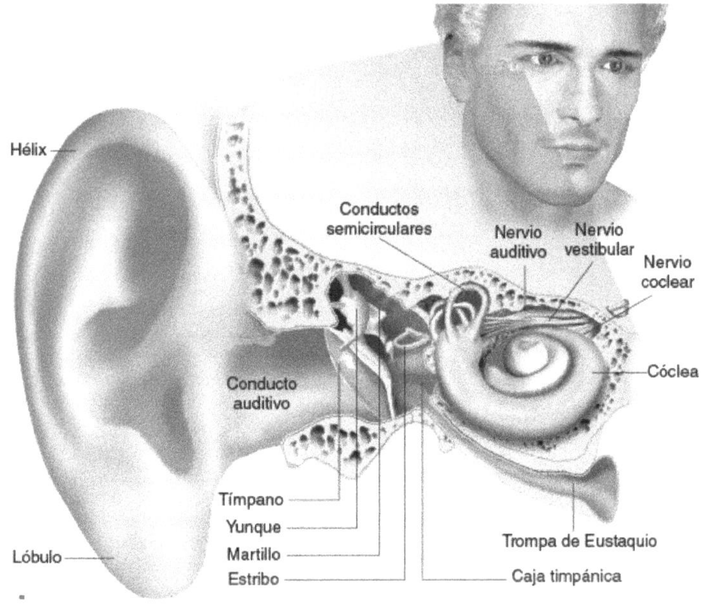

Canales Semicirculares

Estos canales responden al estímulo de aceleración angular. Los conductos contienen en su interior un líquido llamado endolinfa que se mueve en relación a las paredes de los conductos. Cuando se aplican aceleraciones angulares a la cabeza, el movimiento de la endolinfa produce desviación de la cúpula, que a su vez dobla los filamentos ciliares de las células de bellos. Cuando los filamentos se doblan, los impulsos nerviosos pasan al cerebro, transmitiendo el movimiento circular. Las aceleraciones en pitch, roll o yaw pueden ser detectadas, ya que los 3 canales están en ángulo recto entre si.

Considerando que están diseñados para movimientos en la tierra, en vuelo pueden experimentar errores de percepción como, por ejemplo, las aceleraciones muy pequeñas no pueden ser detectadas y pueden llevar a una actitud anormal de la aeronave. Las aceleraciones angulares experimentadas en vuelo pueden ser diferentes de las experimentadas en tierra, llevando al piloto a interpretar erróneamente la información entregada por el canal.

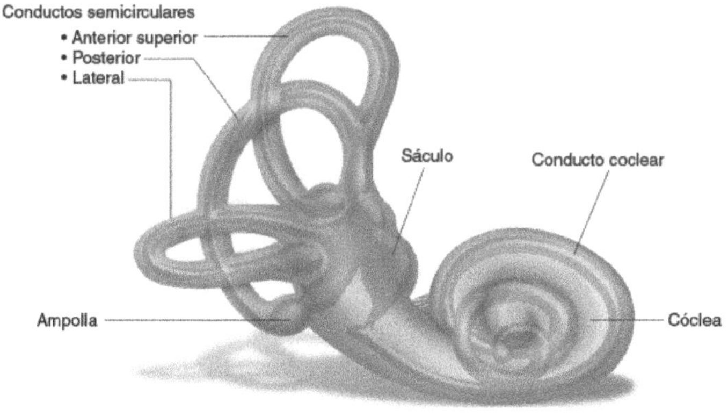

Órganos Otolitos

Los órganos otolitos reaccionan a las aceleraciones lineales y a la gravedad, variables que actúan sobre una membrana oolítica desplazándola y doblando los filamentos de las células acústicas, transformándose en un impulso nervioso que llega al cerebro con la información de posición vertical de la cabeza en relación a la fuerza de gravedad.

En vuelo existen otras fuerzas que pueden provocar aceleraciones lineales que se combinan con la de gravedad; por lo tanto, la dirección de la fuerza resultante que actúa sobre las membranas otolíticas no siempre corresponde a la posición real, considerando esto, el cerebro podría ser engañado durante el vuelo. Por ejemplo, durante un viraje prolongado, el cerebro podría generar la errónea sensación de que ya no se está realizando el viraje.

Spin Mortal

Cuando los conductos semicirculares son estimulados por la aceleración angular, junto con la entrada en spin, la primera impresión del piloto es correcta, es decir, percibe al spin. Después de 10 a 20 segundos, la endolinfa alcanza la velocidad con las paredes de los conductos, y la cúpula retorna a la posición de reposo. De allí en adelante, la sensación es reemplazada por una sensación de movimiento no giratorio, aunque el spin continúe.

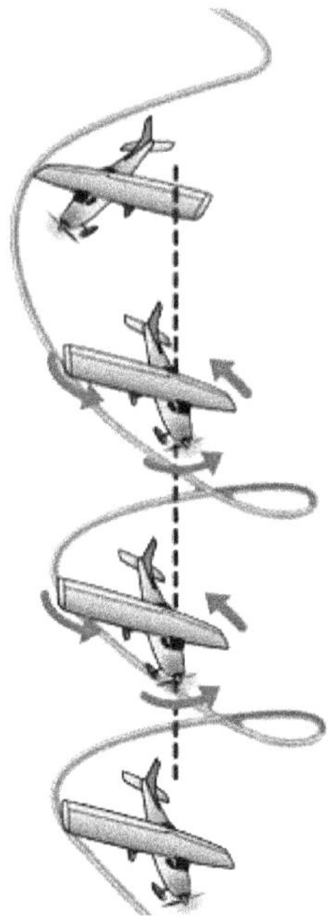

Si piloto reacciona a fin de detener el spin accionando el timón de dirección opuesto, se someterá a una desaceleración angular que actuará sobre los conductos semicirculares, produciendo una sensación de spin en la dirección opuesta, aunque no haya estado girando después de haber tomado la medida correctiva. Sufriendo la ilusión Spin en la dirección opuesta, el piloto posiblemente tratará de corregir su falsa impresión poniendo el avión en el spin original.

Sensaciones de Viraje

Esta es una sensación habitual en la mayoría de los vuelos. Cuando se realizan varios virajes consecutivos para un lado y para el otro, el estimulo de los canales semicirculares se ve afectado. En estos casos, cuando el piloto realiza un viraje hacia la izquierda y luego hacia la derecha a fin de nivelar las alas, podría quedar con la falsa sensación de haber realizado un viraje hacia la derecha en lugar de haber finalizado el viraje hacia la izquierda y estar ya nivelado.

Debido a esta errónea sensación, el piloto podría volar el avión en posición nivelada, inclinándose hacia un lado para tratar de alinear su cuerpo con la vertical percibida.

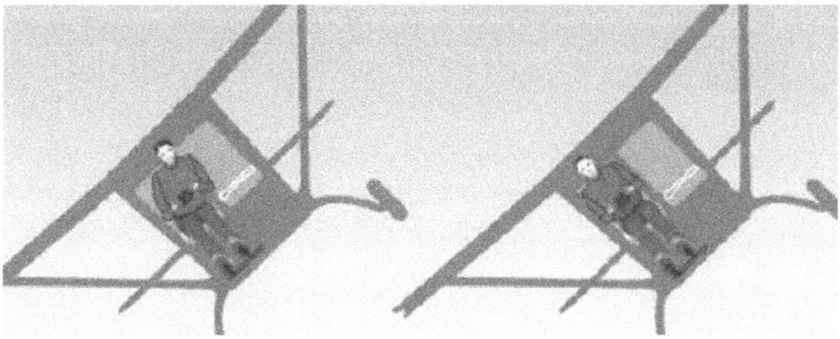

Ilusión de Coriolis

Esta ilusión se trata de una sensación de giro inducida por un rápido movimiento de la cabeza del piloto durante una maniobra de giro constante. Provoca en el piloto la sensación de caer o girar sobre su eje, lo que puede llevarle a querer corregir la trayectoria de la aeronave. Por ejemplo: si el piloto se encuentra en un viraje a velocidad constante e inclina la cabeza hacia abajo, el resultado será una sensación de roll. Cuando un piloto mueve la cabeza durante un viraje prolongado, puede experimentar la ilusión de Coriolis y percibir que su avión está realizando maniobras que en realidad no está realizando.

Ilusión de Inversión

Se trata de una ilusión creada por la fuerza G al actuar en los órganos otolíticos, dándole al piloto la sensación de estar invertido cuando realmente está nivelado pero con Gs negativas. Aunque está asociada a aviones de altas performances, puede ocurrir en cualquier tipo de aeronave. La forma de recuperar esta ilusión consiste en poner atención a referencias visuales confiables o a los instrumentos de actitud del avión.

Sistema Propioceptivo

Los sensores propioceptores relacionados con el equilibrio son los que reaccionan a la presión. Se encuentran en muchas estructuras corporales incluyendo piel y articulaciones. Su sensación al ser estimulados se traduce en presión en las asentaderas al sentarse, en los pies al pararse o en la espalda al acostarse. Esto se conoce como "Sensación Vertical.

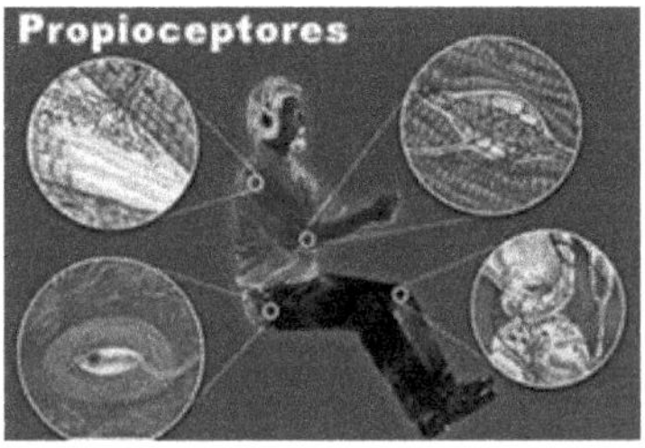

Ilusión de Post Roll

Luego de efectuar esta maniobra durante varios segundos de forma prolongada, el piloto tendrá la tendencia involuntaria a mover los comandos hacia el lado del roll, ubicando a la aeronave en un viraje no deseado. Esta condición suele darse cuando el piloto omite la información de los instrumentos de vuelo y hace caso a las sensaciones de su cuerpo.

Sensación de Posición

De la misma forma que estando en tierra, los pilotos interpretan las sensaciones de presión durante el vuelo. Estas sensaciones de presión durante el vuelo podrían no ser mandatoria ya que se ven afectadas por la resultante de la fuerza de aceleración. Por lo tanto el piloto no podría juzgar con exactitud cual dirección es la vertical verdadera basándose en sus sensores de presión.

Ilusión de Agujero Negro en el Despegue

Una de las ilusiones más peligrosas debido a que será muy cerca del suelo, justo después de que la aeronave despega todas sus ruedas de la pista e inicia el ascenso. Se trata de una ilusión donde el Piloto siente que la aeronave eleva su nariz más de lo deseado y ante esta situación genera la tendencia a bajar la nariz de la aeronave pudiendo impactar contra el terreno. Una ilusión asociada a despegues nocturnos o en condiciones de muy baja visibilidad. Si bien es una de las ilusiones más peligrosas, también es una de las más simples de mitigar. Bastará con prestar atención a los instrumentos de actitud del avión y confiar en ellos omitiendo las sensaciones del cuerpo.

Desorientación Espacial

La Desorientación Espacial es la pérdida súbita o inadvertida de la capacidad del piloto para percibir correcta e inequívocamente la posición angular y lineal, de su aeronave, y del movimiento relacionado con el plano de la superficie de la Tierra. Se refiere específicamente a la falta de orientación con respecto a la posición, actitud o movimiento del avión en el espacio.

La desorientación espacial no se considera un problema que pueda tener solución, ya que, será parte del vuelo instrumental en todo momento. Existen diversas técnicas y procedimientos para lograr evitar la desorientación espacial, o bien, mitigar sus efectos.

Existen 3 factores importantes presentes en la ocurrencia y severidad de una desorientación espacial: Distracción, Tiempo e Ilusión. Los primeros 2 deben estar presentes para que el fenómeno se manifieste. El tercero ayuda a empeorar la situación.

Distracción: Un piloto debe ejecutar una serie de tareas en la cabina de un avión. Todas ellas requieren de su atención, siendo algunas más importantes que otras. Las más pequeñas, generalmente son menos críticas y son conocidas como distractores. Las prioridades cambian dependiendo de la misión. Algunos elementos de distracción pueden estar fuera de la cabina (luces en tierra, etc.) otros pueden estar dentro de ésta (luces de precaución, sirenas de advertencia, etc.).

Tiempo: Una distracción debe trabajar en un periodo de tiempo para causar un problema. Una de las características de los humanos es que nuestro sentido del tiempo es variable. En eventos de desorientación el piloto fija su atención por un lapso de entre 15 y 90 segundos. Este fenómeno se conoce como "Distorsión Temporal".

Ilusión: Consiste en una sensación errónea de posición, actitud o del ambiente. Las más comunes son: visuales, del sistema vestibular y del sistema propioceptivo, tal como se han estudiado en páginas anteriores. Cualquier distracción en un periodo de tiempo puede desorientar al piloto. Si a esto se le agrega una ilusión, se agrava la desorientación. Si alguna parte de esta formula excede la capacidad del piloto de sobreponerse, la desorientación espacial llevaría al vuelo a una condición indeseada. El piloto puede encontrarse con tres tipos de desorientación espacial: Reconocida, no reconocida e incapacitante.

Reconocida: este tipo de desorientación espacial es la más habitual y no presenta un riesgo mayor. En este tipo de desorientación, el piloto reconoce la situación, identifica el problema y toma las acciones necesarias para mitigar el riesgo.

No Reconocida: esta desorientación espacial resulta ser la más peligrosa debido a que el piloto no es capaz de reconocer el problema, a causa de una distracción durante un tiempo prolongado. En caso de no ser capaz de advertir la situación y mitigar el riesgo, esta desorientación podría llevar al vuelo a un incidente o accidente.

Incapacitante: esta tercera clasificación de desorientación espacial está asociada a la visualización espacial no reconocida, y advierte una respuesta involuntaria del cuerpo ante el elevado nivel de estrés por lo que está pasando. En este caso extremo el Piloto ya no es capaz de mitigar el riesgo aunque haya identificado el problema.

Prevención de la desorientación espacial

Muchos van a ser los factores que deben considerarse dentro de este apartado. Podemos clasificarlos en:

1. Factores que dependen de la aeronave.

Aspectos ergonómicos: Las cabinas deberían estar ergonómicamente diseñadas para que no sea necesario realizar movimientos bruscos de cabeza para acceder a los instrumentos; en aterrizajes, despegues y maniobras acrobáticas estos movimientos pueden generar ilusiones. Se debe poner atención para que una cabina sea ergonómica en el color y la disposición de las luces, colocación del panel de instrumentos, localización de palancas, disposición del asiento, diseño de la cúpula, etc.

Los instrumentos: En condiciones de vuelo no visual los instrumentos deben ser claros y fiables. En los aviones modernos, la utilización del "Head Up Display" (HUD) es de gran ayuda en el intercambio de información desde el medio externo y la cabina.

2. Factores vinculados con el vuelo.

Esencialmente vinculados con la experiencia del piloto a volar en condiciones visuales o instrumental. Experimentarán bastante más desorientación espacial aquellos pilotos que no estén familiarizados con el vuelo instrumental.

3. Factores Humanos.

La selección del piloto es muy importante debido a las diferencias individuales que hacen a un piloto estar más o menos predispuesto a padecer desorientación. La aptitud psicofísica es decisiva. Errores de percepción y atención focalizada se intensificarán cuando confluyan circunstancias como ansiedad, miedo, fatiga, exceso de trabajo, etc. Cualquier sustancia que tenga efectos sobre el sistema nervioso central puede disminuir la capacidad cognitiva del piloto, y consecuentemente aumentar los fenómenos de desorientación espacial. El alcohol, debido a que inhibe el Sistema Nervioso Central, puede promover las ilusiones tanto vestibulares como visuales.

La única forma de enfrentar la desorientación espacial. es saber reconocerla, para luego corregirla e idealmente, prevenirla. Los tres factores involucrados existen en diferente medida en cada vuelo que realizamos. También se debe considerar que el mayor riesgo se produce en vuelo nocturno o IMC, por lo que se realza la importancia del conocimiento de cómo prevenirla si el piloto va a enfrentar un vuelo de este tipo.

Capítulo 5

Meteorología Básica

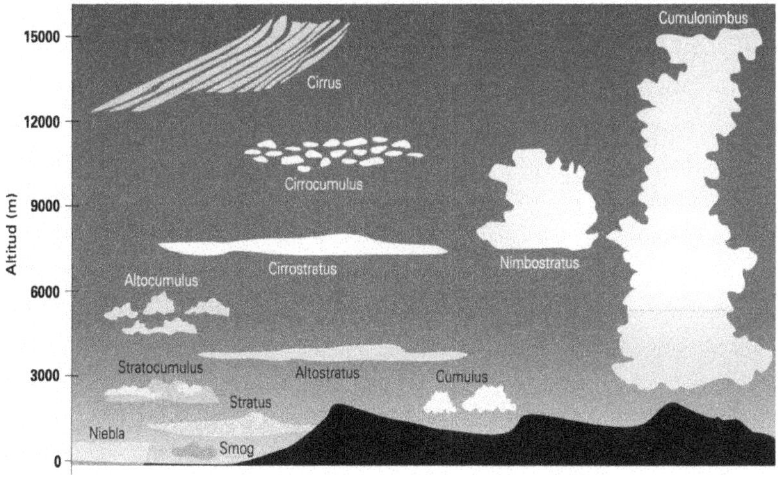

Aviation Bookstore
aviation step by step

Las Nubes

Este importante fenómeno meteorológico es de vital importancia para cada piloto, quien debería ser capaz de mirar al cielo y poder identificar que clases de nubes esta observando. La nube es la materialización física y visual del vapor de agua atmosférico que, al cambiar de fase (líquida o sólida) y agruparse, forma estructuras que cubren total o parcialmente el cielo. La interacción de la luz solar con las gotitas y cristalitos de hielo hace que las nubes aparezcan, preferentemente blancas, otras veces son grisáceas e, incluso, negras ante la vista. Los rayos del sol al amanecer y atardecer adornan a las nubes de variados colores característicos.

Las diferencias entre formaciones nubosas se deben a las diferentes temperaturas de condensación. Cuando se produce a temperaturas inferiores a la de congelación, las nubes suelen estar formadas por cristales de hielo; sin embargo, las que se forman en aire más cálido suelen contener gotitas de agua. El movimiento de aire asociado al desarrollo de las nubes también afecta a su formación. Las nubes que se crean en aire en reposo tienden a aparecer en capas o estratos, mientras que las que se forman entre vientos o aire con fuertes corrientes verticales presentan un gran desarrollo vertical.

Considerando que la troposfera está dividida en tres capas a distinta altura, podemos clasificar a las nubes según la capa que ocupen. Las nubes próximas al suelo y que llegan hasta los 3 km de altura son llamadas **Nubes Bajas**. Las que ocupan un nivel intermedio entre los 3 y 7 km, serán las **Nubes Medias**. Las **Nubes Altas** son aquellas que ocupan el nivel superior de la troposfera y pueden llegar hasta los 14 km de altura o más.

Por último, las **nubes de desarrollo vertical** formadas por sistemas nubosos que se extienden desde capas bajas a muy altas, conocidas como **"Cumulonimbos".** Otra clasificación, es según su forma. El científico inglés Luke Howard llamó a **las nubes abultadas**, que aparecen como amontonadas, **cumulus**, que en latín significa montón. A las **nubes en capas** se las denominó stratus que significa capa o manto. Las de forma de **mechón de pelo** las denominó **cirrus** y a las **cargadas de lluvia**, las denominó **nimbus**.

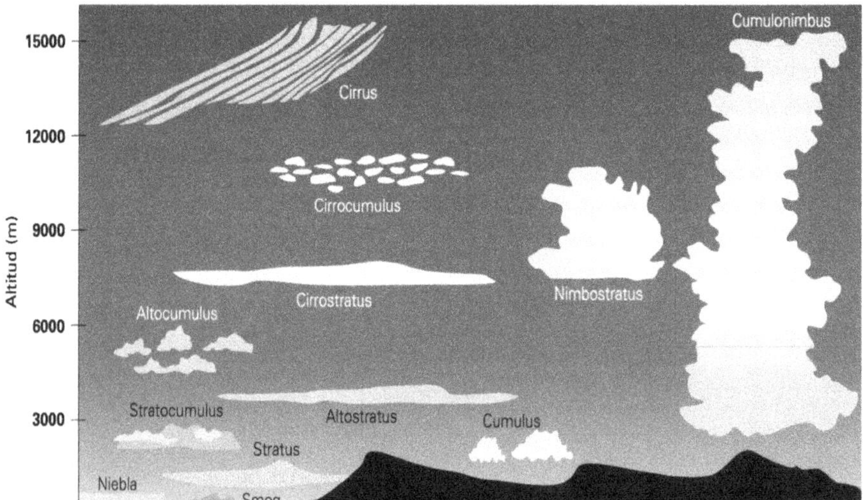

Cirrus (Ci). Cirros. Nube Alta

Se presentan como nubes separadas en forma de filamentos blancos y delicados. Tienen una apariencia fibrosa, semejante a los cabellos de una persona. Formadas por diminutos cristales de hielo, ya que se forman a gran altura (8-12Km.). A estos niveles la temperatura va de -40°C a -60°C, por lo que una masa de aire, con un elevado contenido de vapor de agua y que se enfríe hasta la saturación, produce cristales de hielo en vez de gotitas de agua. Su presencia indica fuertes vientos en niveles superiores. Cuando se presentan aisladas son síntoma de buen tiempo, pero si avanzan organizadas y aumentando progresivamente hacia el horizonte indican un inminente cambio de tiempo o la presencia de algún frente.

Cirrostratus (Cs). Cirrostratos. Nube Alta

Velo nuboso, transparente y blanquecino, de aspecto fibroso (como cabellos) o completamente liso, que cubre total o parcialmente el cielo. Están constituidos por finísimos cristales de hielo, más incluso que los de los Cirrus. Se forman cuando una masa de aire húmedo a gran escala, se eleva a grandes alturas hasta sublimarse. Estas nubes ocupan vastas extensiones del cielo, a una altitud de entre 7-10 Km.

Habitualmente, debido a su extremada fineza, se hace difícil distinguir si el cielo está cubierto o despejado. Los Cirrostratus, suelen ser la vanguardia de un Frente Cálido, aumentando su espesor según éste avanza, por lo que su presencia puede asociarse con un significativo cambio de tiempo.

Cirrocumulus (Cc). Cirrocúmulos. Nube Alta

Podemos describirlos como un banco, capa delgada o sábana de nubes blancas, sin sombras, compuestas por elementos muy pequeños en forma de granos, rizos, grumos, ondulaciones, unidos o separados y distribuidos con mayor o menor regularidad. Constituidos por cristales de hielo, tienen un proceso de formación similar a los Ci y Cs. A diferencia de los Ci y Cs, los Cirrocumulus delatan la presencia de inestabilidad en el nivel al que se encuentran, y que da a estas nubes su aspecto cumuliforme. Se encuentran a alturas de 7-12Km. A menos que aumenten considerablemente con el paso del tiempo no suelen indicar cambio de tiempo.

Por su apariencia, estas formaciones nubosas son fáciles de confundir con los Altocúmulos, de apariencia similar pero más bajos, grises y con elementos constitutivos de mayor tamaño.

Altocúmulos (Ac). Altocúmulos. Nube Media

Banco, capa delgada o capa de nubes blancas o grises, o a la vez blancas y grises, que tienen sombras compuestas por masas redondeadas, rodillos, etc., las cuales son a veces parcialmente fibrosas o difusas y que pueden estar unidas o no. Constituidas normalmente por diminutas gotas de agua. Cuando la temperatura es muy baja, se forman cristales de hielo. Se forman cuando una gran masa de aire, empujada por un sistema frontal, asciende a los niveles medios, (4-6Km.) y condensándose posteriormente. A su vez, estas nubes se forman por masas de aire inestable, que las da su aspecto cumuliforme. Suelen formar parte de los frentes fríos y de los frentes cálidos.

Altostratus (As). Altostratos. Nube Media

Lámina o capa de nubes, grisácea o azulada, de aspecto estriado, fibroso o uniforme, que cubre por entero o parcialmente el cielo, como una gran sábana. Tiene partes suficientemente delgadas que permiten distinguir vagamente el Sol, como a través de un vidrio deslustrado. Constituidas por una zona superior compuesta de cristales de hielo. Una parte media mezcla de cristales de hielo, cristales o copos de nieve y gotitas de agua sobre enfriada. Y una parte inferior, compuesta totalmente por gotitas de agua sobre enfriadas. Es la nube que ocupa las mayores extensiones de terreno. También forma la parte media y baja del yunque de un Cumulonimbus. Se suele encontrar entre los 3 y 7 Km. de altura, y su espesor puede variar entre 1 y 4 Km. Esta familia de nubes esta asociada a frentes cálidos y suele dar lluvias o nevadas débiles continuas.

Nimbostratus (Ns). Nimbostratos. Nube media

Capa de nubes gris, a menudo oscura, con un aspecto velado por la precipitación de lluvia o nieve que cae más o menos continuamente desde ella. El espesor de la nube es lo suficientemente grande como para ocultar el Sol completamente. Compuesta por diminutas gotas de agua, gotas de lluvia sobre enfriadas, cristales y copos de nieve. El Nimbostratos se suele formar al ascender una enorme y extensa capa de aire relativamente cálido y húmedo por encima de una masa fría, en progresiva y suave pendiente. Es, junto con los As, el núcleo principal de un frente cálido. Es una nube muy difícil de distinguir, pues se presenta como un velo gris oscuro uniforme, sin ninguna discontinuidad y que ocupa todo el cielo, mezclado con la precipitación. Así mismo, ocupa una gran dimensión vertical, en los sitios de mayor espesor puede abarcar entre los 1- 5 Km.

Stratus (St). Estratos. Nube Baja

Capa de nubes generalmente gris, con base uniforme, de la que puede caer llovizna. Cuando el sol es visible a través de la capa, su contorno se distingue claramente. Está compuesta por diminutas gotas de agua. A muy bajas temperaturas puede consistir de partículas de hielo pequeñas. Suelen encontrarse entre los 0 y 300 m. del suelo. Su formación se debe al efecto combinado del enfriamiento en las capas inferiores de la atmósfera y de la turbulencia debida al viento. Se forman sobre la tierra, por irradiación nocturna o por advección de aire relativamente cálido sobre suelo más frío. Sobre el mar, el enfriamiento suele ser por advección. Producen niebla si están al nivel de la superficie.

Stratocumulus (Sc). Estratocúmulos. Nube Baja

Banco, sábana o capa de nubes grises o blanquecinas, que tienen casi siempre partes oscuras; compuestas por masas redondeadas y rodillos que están unidas o no. Es el tipo de nubes más común. Pueden formarse en el seno de una masa de aire húmedo en capas bajas, ocupando una gran extensión, o también por una inversión de temperatura que obliga a los Cu, en desarrollo vertical, a frenar su ascenso y extenderse en forma de Sc. En el primer caso suelen formarse entre 500 m y 2 Km de altura, y en el segundo entre 2-3Km. Se asocian al buen tiempo cuando en verano aparecen a media tarde como consecuencia de la evolución de los Cu de buen tiempo. También suelen aparecer asociados a los Frentes Cálidos o Fríos mezclados con una gran capa de As/Ns.

Cumulus (Cu). Cúmulos. Nube de Desarrollo Vertical

Nubes asiladas, en general densas y con contornos bien definidos, que se desarrollan verticalmente en forma de protuberancias, cúpulas o torres, y cuyas partes superiores convexas se parecen con frecuencia a una coliflor. Las partes de estas nubes iluminadas por el Sol son blancas brillantes; su base es oscura y horizontal. A veces, aparecen desgarrados por el viento. Se desarrollan cuando se producen corrientes convectivas originadas por el desigual calentamiento del aire sobre la superficie terrestre. Este aire al ascender se condensa en forma de nube y crecerá en función del grado de inestabilidad del aire existente en ese momento. Los Cu de buen tiempo crecen en verano desde el mediodía hasta la puesta de Sol, cuando se disipan. Si existe un cierto grado de inestabilidad pueden progresar a Cu Congestus y en su caso llegar a convertirse en Cumulonimbus, con chubascos y tormentas.

Cumulonimbus (Cb). Cumulonimbos. Nube de Desarrollo Vertical

Nube de forma irregular y densa, con un desarrollo vertical considerable, en forma de montaña o de enormes torres. Parte, al menos de su cima es normalmente lisa o aplastada; esta parte se extiende a menudo en forma de un yunque. Por debajo de la base, aparecen nubes bajas desgarradas y precipitaciones. Constituida por diminutas gotas de agua y cristales de hielo en su parte superior. En su interior contienen grandes gotas de lluvia, copos de nieve, hielo granulado y granizo. Se originan sobre todo en primavera y verano en situaciones de inestabilidad. Tienen un gran desarrollo vertical. Los topes suelen estar entre 8 y 14 Km. de altura. Producen casi siempre tormenta, es decir, precipitaciones de forma intensa, lluvia o granizo, aunque también de nieve en invierno, acompañadas de vientos y de descargas eléctricas que se producen entre nubes o entre nube y tierra (rayo).

Por otro lado, existen otras clases de nubes un poco menos comunes. Veamos:

Nubes Lenticulares: Pertenecen al tipo de nube Altocúmulos Lenticulares. Se forman cuando un fuerte viento en niveles medios, (3 a 5 Km. de altura), atraviesa perpendicularmente un sistema montañoso, formándose ondas a sotavento de él, con varias capas superpuestas, permaneciendo estacionarias. Para ello es necesario que la capa de aire sea húmeda y estable. Este fenómeno se conoce como Onda de Montaña, se forman nubes en las crestas de la onda, donde el aire asciende, y se disipan en los valles de la misma, donde el aire desciende.

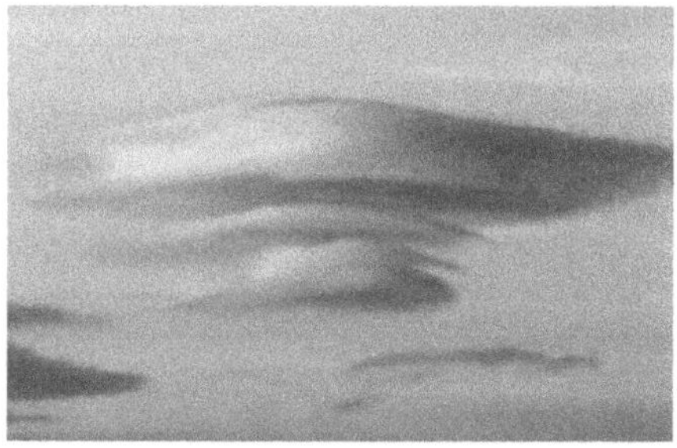

Nubes Mammatus: Consisten en glóbulos de nubes semejantes a "mammas", pechos o ubres, que cuelgan de la parte superior del yunque de los Cumulonimbus, aunque a veces se presentan en otros géneros de nubes como los Altostratus de la foto. Se deben a un proceso que puede describirse como una Convección en sentido inverso.

TU TURNO! Es hora de poner a prueba tus conocimientos sobre nubes e intentar descubrir el nombre de cada una las que aparecen en las fotos siguientes.

Cielo y Techo de Nubes

Cuando los pilotos hablamos sobre la evaluación de cielo, hacemos referencia a su estado cubierto parcial o total por capas de nubes (opacas o delgadas) y/o por fenómenos de oscurecimiento o de obstrucción a la visión. La cantidad de cielo cubierto se evalúa en octavos de cobertura de la bóveda celeste sobre el horizonte y tomando como referencia el sitio de observación. Con la determinación de la condición de cielo se pretende indirectamente determinar aspectos tales como la estabilidad o inestabilidad del aire. Para hacerlo mas simple, imaginemos una enorme pizza formada por ocho porciones u ocho octavos. Ahora imaginemos que la caja de nuestra pizza representa el cielo y que cada porción representa a un octavo de obstrucción del mismo. Si la caja esta con la pizza entera, estaría obstruida por ocho octavos y no podríamos ver ninguna parte de la superficie de la caja. Con el cielo pasa lo mismo, cuando esta cubierto por ocho octavos de nubosidad, no podemos ver ninguna parte del mismo. Ahora bien, supongamos que nuestra pizza esta a la mitad, es decir, posee solo 4 porciones o 4 octavos. Aquí podríamos ver la mitad de la caja o la mitad del cielo, ya que solo se encuentra cubierto por 4 octavos de los 8 (cielo 4/8).

Tu Turno! Que porcentaje del cielo estará cubierto si el reporte indica un cielo de 2/8?

Dejemos de lado el ejemplo de la pizza y pasemos a una descripción mas técnica. El grado de ocultamiento del cielo, o "la bóveda celeste", se mide y expresa en fracciones de la propia bóveda celeste; "UN OCTAVO", que es la octava parte del total, siempre tomando como referencia el punto de observación y el horizonte real.

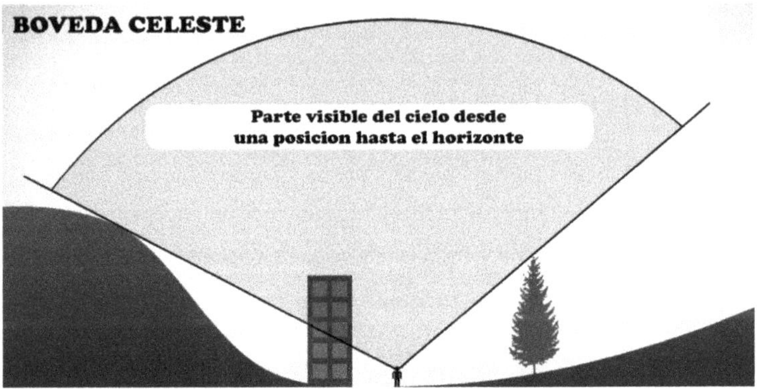

Para definir la cantidad de "octavos" cubiertos en la bóveda celeste hay que considerar todos los niveles de altitudes a los cuales podrían encontrarse las nubes. Ante la posibilidad de encontrar diferentes formaciones nubosas a diferentes niveles, a cada una de estas formaciones las llamaremos "Capas Nubosas" o "Capas", las cuales pueden ser:

Capas Opacas: Es aquella que cubre el cielo, no permite observar capas más altas o el azul del cielo.

Capas Delgadas o Transparentes: Es aquella que cubre pero no oculta el cielo.

Con el objeto de identificar fácilmente el grado de cobertura de la bóveda celeste, se ha creado un código para cada rango de valor, según la cantidad de “Octavos” que se encuentren afectados. Veamos:

NOMBRE	CODIFICACIÓN	COBERTURA
Despejado	SKC	**Cielo despejado (sky clear)**
Algunos	FEW	**de 1/8 a 2/8**
Medio Nublado	SCT	**de 3/8 a 4/8**
Nublado	BKN	**de 5/8 a 7/8**
Cerrado	OVC	**Cielo completamente cubierto 8/8**

Para definir cada uno de estos valores, los reportes meteorológicos consideran los diferentes niveles de ocupación de las nubes. Las capas nubosas que están por encima de otras capas se suman para dar un único valor de cobertura de la bóveda celeste. Por ejemplo si tenemos una capa nubosa a 1000 pies que cubre 2/8 del cielo, podemos decir que el cielo esta FEW a 1000 pies o FEW 010 (centenares de pies). Ahora bien, si existe otra capa de 1/8 a 2000 pies, deberíamos sumarla a la anterior y el reporte indicaría SCT a 020, es decir 3/8 a 2000 pies, ya que el valor de 1/8 se sumo al valor de 2/8 de la capa inferior para dar un valor final de cobertura del cielo. Ahora bien, si tuviésemos una tercer capa con un valor de 2/8 a 4000 pies, el reporte indicaría BKN 040, ya que existe una totalidad de 5/8 que cubren el cielo hasta ese nivel. El reporte final de todas las capas quedaría de la siguiente manera:

FEW010 SCT020 BKN040

Veamos algunos ejemplos e intentemos encontrar la respuesta correcta para cada caso:

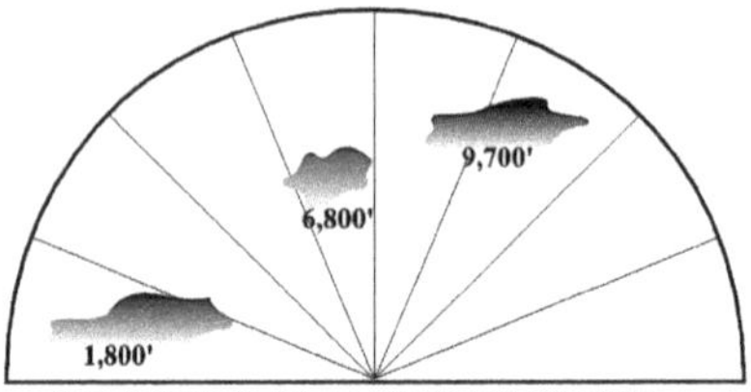

FEW018 SCT065 SCT095

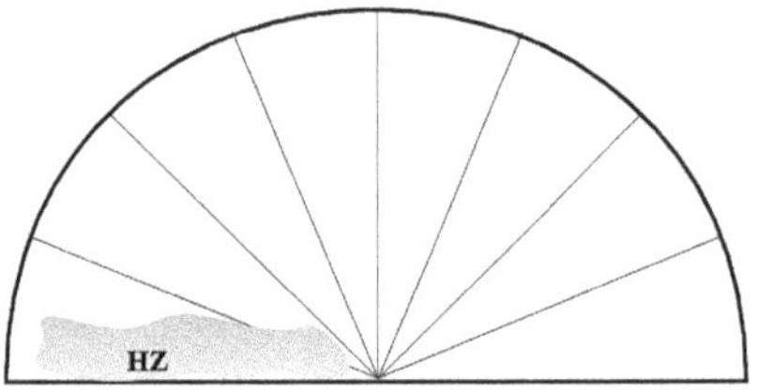

SKC (con niebla al ras del suelo)

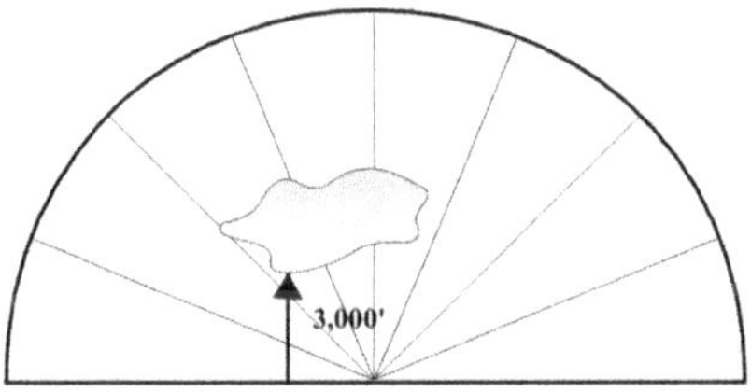

SCT030

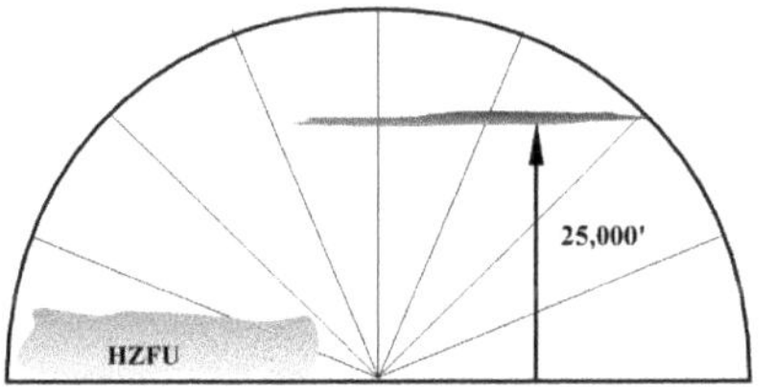

SCT250

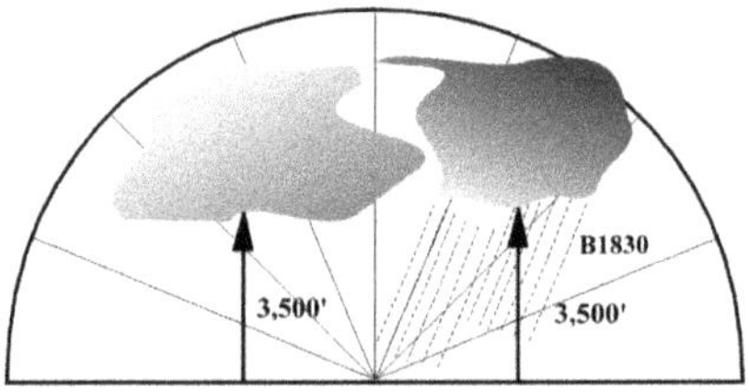

BKN035 (RA)

6)

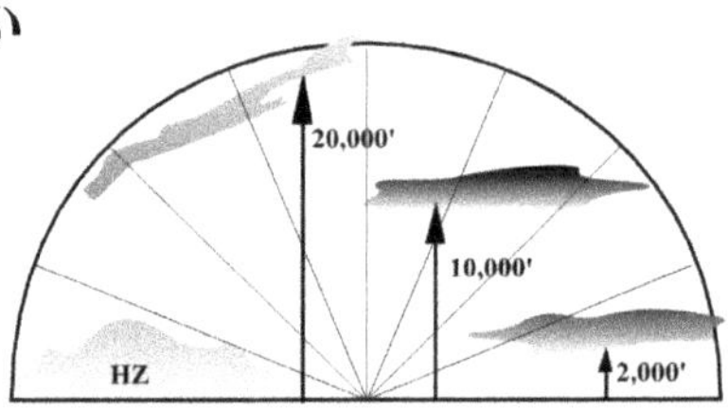

FEW020 SCT100 BKN200

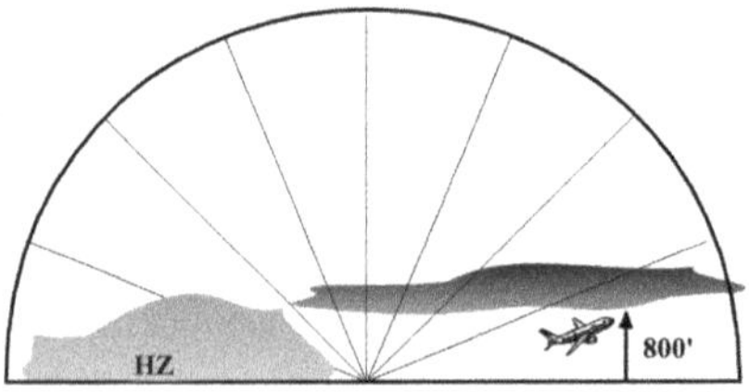

BKN008

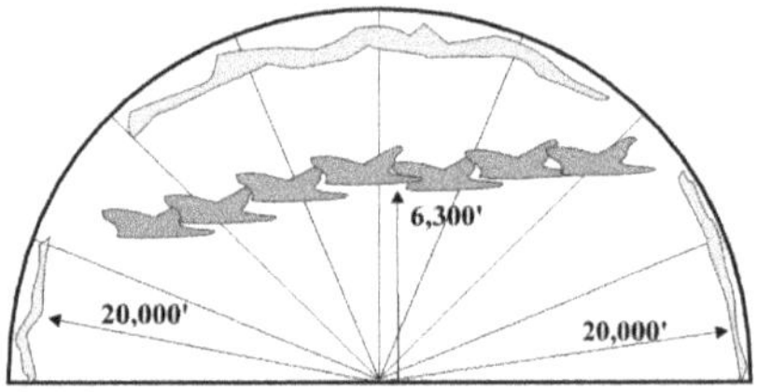

BKN060 OVC200

Reportes Meteorológicos

Una de las principales herramientas que los pilotos podemos encontrar en meteorología son los reportes informativos sobre las condiciones meteorológicas presentes y futuras. Existen diversos tipos de reportes, como por ejemplo los reportes meteorológicos horarios, los de 24 hs, los reportes de turbulencia, de viento en diferentes alturas, los reportes de ceniza volcánica, reportes de área e incluso reportes provistos por los mismos pilotos durante un vuelo y para una zona determinada. Si bien cada reporte presenta un formato especial y diferente al resto, todos en su totalidad tienen la misma esencia, dotar a cada piloto con información meteorológica útil para tomar la decisión correcta antes o durante un vuelo.

Usualmente en la aviación comercial los reportes mas utilizados por los pilotos, son los reportes de tiempo actual y tendencia a corto plazo, es decir, los reportes a 24 horas. El primero se conoce como METAR o reporte horario, emitido cada sesenta minutos durante todo el día, todos los días del año. El segundo se conoce como TAF o reporte de 24 horas, emitido una vez al día, donde su contenido involucra toda la información relevante que se prevé para ese día en particular con todas sus posibles tendencias de cambio.

Aquí nos detendremos para estudiar bien a fondo estos dos reportes tan importantes para la aviación y para los pilotos de todos los niveles. Comencemos con el estudio del METAR!

METAR (Meteorological Aerodrome Report)

El METAR consiste en un formato internacional de reporte o pronostico meteorológico realizado cada 60 minutos en cada aeródromo que cuente con un servicio de información meteorológica. En caso de que un aeródromo no cuente con este servicio, los METAR pueden ser confeccionados por el servicio meteorológico nacional de cada país. Por otro lado, el METAR puede también encontrarse con el nombre de SPECI, haciendo referencia de que la información corresponde a un METAR ESPECIAL modificando a su antecesor por algún cambio significativo en las condiciones meteorológicas. Por ejemplo, un METAR de las 13:00 hs puede ser reemplazado por un SPECI de las 13:25 hs hasta tanto llegue el METAR de las 14:00 hs.

El formato de un METAR es un formato único e internacional y esta dado por el siguiente orden de información:

LUGAR - FECHA Y HORA – VIENTO – VISIBILIDAD – FENOMENOS – NUBES – TEMPERATURA – PRESION.

Este orden de la información se respeta en cada reporte para lograr un fácil entendimiento. Veamos un ejemplo:

SAZM 012200Z 23004KT 8000 –RA BKN022 08/07 Q1014.

Veamos que nos dice este reporte con todos sus códigos:

Comienza con la designación OACI del aeropuerto de origen del informe, SAZM correspondiente a la ciudad de Mar del Plata, Argentina. Luego indica fecha y hora del reporte siendo 012200z, el día 01 del corriente mes a las 22:00 hora zulú o UTC. Sigue con la información del viento 23004KT, informando que el viento proviene de los 230 grados a 4 nudos de intensidad. El valor siguiente representa la visibilidad horizontal en el aeródromo, indicando que existe una visibilidad de 8000 metros reducida por lluvia débil con el código –RA (rain). Seguido a esto, encontramos la nubosidad BROKEN a 2200 pies o BKN022. Luego encontramos la información de temperatura y punto de rocío. Por ultimo, la información del QNH reportado a esa hora.

Como podemos notar, los METAR están compuesto por una serie de códigos que representan la información. Si bien son cientos los códigos disponibles, existen algunos que son de uso común. Para un optimo entendimiento de los METAR, al final del libro encontraremos una guía con todos los códigos existentes para la lectura de un METAR.

Habiendo comprendido la estructura básica de un METAR, veamos sus diferencias y similitudes con respecto a un SPECI. Como hemos mencionado con anterioridad, un SPECI no es ni mas ni menos que un METAR pero confeccionado dentro del horario de validez del METAR actual, debido a algún cambio significativo en las condiciones meteorológicas reinantes en el lugar. Veamos:

SAZM 0122:25Z 23004KT 3000 +RATS OVC020 08/08 Q1010.

Analizando este ejemplo, podemos definir si se trata de un METAR o de un SPECI observando su horario de confección. El METAR siempre es confeccionado al inicio de cada hora, como en el ejemplo anterior 22:00hs, en este caso, el reporte fue confeccionado a las 22:25hs, por lo que podemos confirmar que se trata de un SPECI que reemplaza al METAR anterior y que estará vigente hasta que finalice la hora actual dando lugar al próximo METAR de las 23:00hs o bien a un futuro SPECI antes de que termines las 22:00hs.

En este caso en particular, las condiciones meteorológicas de las 22:00hs que informo el METAR, tienen que haber sufrido algún cambio significativo que haya generado la necesidad de confeccionar un informe especial o SPECI.

TU TURNO! ***Te animas a descubrir cuales son?***

Habiendo encontrado la respuesta, veamos algunos ejemplos de reportes METAR:

1) SAEZ 211700Z 02011KT CAVOK 18/07 Q1014.
2) SCEL 241700Z 01009KT 5000 HZ FEW005 OVC015 10/08 Q1020 NOSIG.

Comencemos por el prime caso, un reporte horario del aeropuerto de Ezeiza en Argentina. Reporte del día 21 a las 17:00 hs. Viento proveniente de los 020° grados a una intensidad de 11 nudos.

Seguido a esto, donde debería informarse la visibilidad, fenómenos y nubes, aparece la sigla **CAVOK** originada de la frase ***"Ceiling And Visibility OK"*** o "Techo y Visibilidad OK". Esta sigla implica las siguientes condiciones meteorológicas: visibilidad mayor a 10km, cielo despejado o libre de nubes por debajo de 5000 Ft y sin precipitaciones. Seguido a esta información encontramos la temperatura de 18°C y el punto de rocío de 07°C. Finalmente la presión barométrica del lugar o QNH 1014.

El segundo reporte METAR corresponde al aeropuerto internacional de Santiago de Chile del día 24 a las 17:00hs. Viento proveniente de los 020° grados. Visibilidad 5000 metros reducida por HZ (bruma). Nubes dispersas a 500 FT o FEW005, cielo cubierto a 1500 FT o OVC015. Temperatura de 10°C y punto de rocío 08°C. QNH local 1020. Por ultimo en este reporte encontramos la sigla **NOSIG** formada por las palabras ***"No Significant Change"*** o sin cambios significativos, aclarando que no se prevén grandes cambios en las condiciones meteorológicas durante la próxima hora.

TAF (Terminal Aerodrome Forecast)

Tal como hemos mencionado en páginas anteriores, el TAF es un reporte un poco mas amplio que el METAR ya que tiene una validez de 24 horas desde su confección. Su formato, similar al de un METAR, presenta algunas salvedades como los pronósticos extendidos o probabilidades de cambio en un lapso de tiempo determinado. Los pilotos suelen usar el TAF para realizar una estima de cómo podrían evolucionar las condiciones meteorológicas del sector de interés. Conozcamos estas salvedades que diferencian a un TAF de un METAR.

Estudiemos un TAF completo. La primera diferencia es el tiempo de validez. Un TAF esta previsto para un periodo de 24 hs y se representa de la siguiente forma:

TAF SAZM 151000Z 1512/1612 02004KT CAVOK TX25/1514Z TN08/1607Z PROB40 TEMPO 15/1920 5000 SHRA BKN030CB BECMG 1604/1609 09010 6500 NSC FM161100 10015KT 0800 BCFG

Comencemos con la primera parte, la sección subrayada. Indica que se trata de un reporte TAF del aeropuerto internacional de la ciudad de Mar del Plata, Argentina (SAZM). Confeccionado el día 15 a las 10:00 UTC. Valides desde el día 15 a las 12:00 hasta el día 16 a las 12:00 hs. Esta es la primera salvedad respecto de un METAR. El inicio del reporte deja en claro que su validez es de 24hs.

Siguiendo con el mismo reporte, veamos la segunda consideración. De igual manera, subrayada la sección de interés:

TAF SAZM 151000Z 1512/1612 02004KT CAVOK **TX25/1514Z TN08/1607Z** PROB40 TEMPO 15/1920 5000 SHRA BKN030CB BECMG 1604/1609 09010 6500 NSC FM161100 10015KT 0800 BCFG.

La segunda salvedad es la información de las temperaturas máxima y mínima esperadas para el todo el periodo pronosticado. Comienza con la temperatura máxima indicada como **TX25/1514Z**. Esta información se traduce como temperatura máxima de 25 grados, el día 15 a las 14:00 UTC. Seguido a esto, encontramos el reporte de la temperatura mínima esperada. ***TU TURNO NUEVAMENTE!***

Cuál será ese valor? En que día y a que hora sucederá?

Una de las diferencias mas significativas que posee el TAF a diferencia de otros, es la información de "Probabilidad de Cambio" temporal o definitivo dentro de un periodo de tiempo determinado, pero siempre dentro del periodo de validez del TAF. Estas probabilidades se identifican con las palabras PROB30 y PROB40, siendo probabilidades de un 30% y de un 40% de que suceda el cambio temporario, indicado con la palabra TEMPO o definitivo, indicado con la sigla BECMG si te trata de un cambio definitivo pero gradual y con las letras FM si es un cambio definitivo e inmediato. Sigamos con el mismo TAF y subrayemos la sección de interés:

TAF SAZM 151000Z 1512/1612 02004KT CAVOK TX25/1514Z TN08/1607Z **PROB40 TEMPO** 15/1920 5000 SHRA BKN030CB **BECMG** 1604/1609 09010 6500 NSC FM161100 10015KT 0800 BCFG

Analizando el informe de probabilidades, encontramos una alta probabilidad (PROB40) de que "temporeramente" (TEMPO), el día 15 entre las 19:00hs y las 20:00hs, la visibilidad se reduzca a 5000 mts debido a lluvias y chaparrones (5000 SHRA) con un cielo quebrado a 3000 pies y presencia de nubes cumulonimbos (BKN030CB).

Luego el cambio pasa de ser temporario a definitivo, pero de forma gradual (BECMG) e indica que para el día 16 entre las 04:00hs y las 09:00hs, las condiciones serían, viento proveniente desde los 090° grados a una intensidad de 10 nudos (09010), visibilidad reducida 6500 metros y sin nubes significativas (NSC).

Por ultimo, el cambio definitivo que se preveía gradual, se hace inmediato el mismo día 16 a las 11:00hs y es indicado con las letras FM. Viento proveniente de los 100° grados a una intensidad de 15 nudos (10015KT) y visibilidad reducida 0800 metros debido a bancos de niebla (0800 BCFG).

Tormentas

La tormenta eléctrica es una de las circulaciones atmosféricas más espectaculares que debes respetar como piloto. Puede ser brillante, ruidoso, violento y peligroso en muchos sentidos. En algunas regiones tropicales, las tormentas eléctricas se producen durante todo el año. En las latitudes medias, se desarrollan con mayor frecuencia en primavera, verano y otoño. Las regiones árticas experimentan ocasionalmente tormentas eléctricas durante el verano.

Para que se forme una tormenta eléctrica, el aire debe tener suficiente vapor de agua, una masa de aire y un impulso inicial hacia arriba para iniciar el proceso de tormenta en movimiento. Existen una serie de mecanismos desencadenantes dentro de la atmósfera y en la superficie de la tierra, que harán que el aire ascienda y, en las condiciones mencionadas anteriormente, comenzarán la actividad convectiva necesaria para formar una nube cumulonimbus.

El calentamiento desigual de la superficie es un mecanismo de activación. A medida que la superficie de la tierra se caliente de manera desigual, el aire que está en contacto con las superficies más cálidas comenzará a elevarse. Esto se llama convección. La convección es uno de los principales desencadenantes de las tormentas eléctricas, especialmente en verano.

En las zonas montañosas, el desencadenante de las tormentas eléctricas puede ser el ascenso forzado del aire a medida que fluye por el lado de barlovento de las montañas y colinas. Esto se llama elevación orográfica.

Si dos masas de aire se mueven juntas, el aire se verá obligado a elevarse a través de la convergencia.

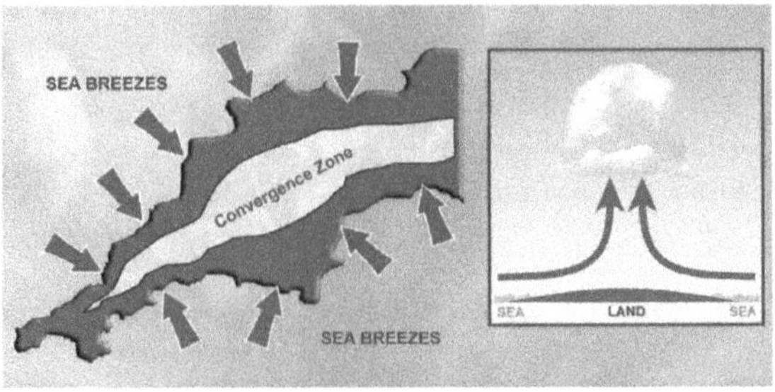

El aire también se ve obligado a elevarse por la elevación frontal. Las nubes Cumulonimbus se asocian comúnmente con la elevación del aire antes de un frente frío. Por otra parte, un cumulonimbus también puede estar incrustado en una nube estratiforme de frente cálido.

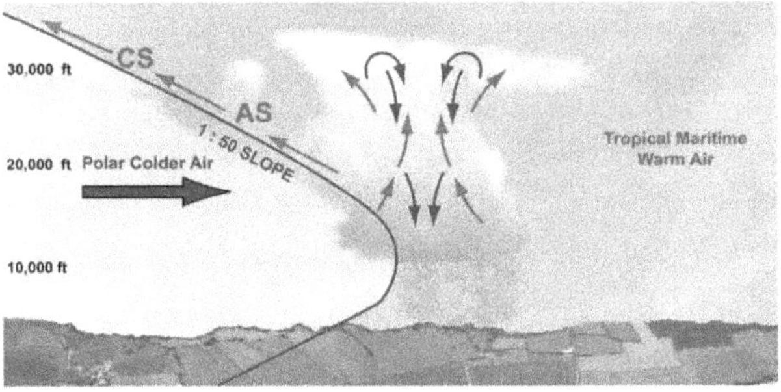

Sobre la base de las observaciones de la superficie, una tormenta eléctrica se define como una tormenta local producida por una nube cumulonimbus, y siempre acompañada de relámpagos y truenos. Por lo general, produce fuertes ráfagas de viento, fuertes lluvias, a veces granizo y ocasionalmente tornados. Suele ser de corta duración, rara vez más de dos horas para una sola tormenta. Sobre la base de la experiencia de vuelo, las tormentas eléctricas también se caracterizan por una turbulencia significativa, engelamiento y fuertes ráfagas del viento (windshear).

Las observaciones meteorológicas especiales (SPECI) se toman para marcar el comienzo y el final de una tormenta eléctrica, y para informar de cambios significativos en su intensidad. Además de la información codificada estándar sobre el estado del cielo, el clima, la visibilidad, la presión, la temperatura y el viento; la evidencia de la presencia de tormentas eléctricas también se encuentra en la sección de comentarios de los informes meteorológicos superficiales. A continuación se muestra un ejemplo.

SPECI KCVG 312228Z 28024G36KT 3/4SM +TSRA SQ BKN008 OVC020CB 28/23 A3000 RMK TSB24 TS OVHD MOV E

Observaciones decodificadas: La tormenta eléctrica comenzó 24 minutos después de la hora. La tormenta eléctrica se está moviendo hacia el este.

Clasificación de tormentas eléctricas

Hay dos tipos básicos de tormentas eléctricas: una tormenta eléctrica ordinaria, frecuentemente descripta como una tormenta eléctrica de masa de aire, y una tormenta eléctrica severa. Una tormenta eléctrica severa tiene una intensidad mayor que una tormenta eléctrica de masa de aire, basada en la gravedad del clima que produce: ráfagas de viento de 50 nudos o más y/o granizo de tres cuartos de pulgada o más de diámetro y/o tornados fuertes.

El componente básico de cualquier tormenta eléctrica es la célula. En las etapas iniciales, esta es la región ascendente de la creciente tormenta eléctrica. Más adelante en el desarrollo de la tormenta eléctrica, incluye el tramo descendente inducido por las precipitaciones. Una tormenta eléctrica puede existir como una tormenta unicelular, multicelular o supercélula. Una tormenta eléctrica de masa de aire de una sola celda dura menos de una hora. Por el contrario, una tormenta eléctrica grave de supercélulas puede durar dos horas o más.

Una tormenta multicelular es un grupo compacto de tormentas eléctricas. Por lo general, se compone de células de tormentas eléctricas de masa de aire y/o células de tormentas eléctricas severas en diferentes etapas de desarrollo. Estas células interactúan entre sí para hacer que la duración del núcleo sea mucho más larga que cualquier célula individual.

El ciclo de vida de las tormentas eléctricas

Hay tres etapas principales en el desarrollo de una tormenta eléctrica: la etapa inicial o de cúmulo, la etapa madura o cumulonimbus y la etapa de disipación.

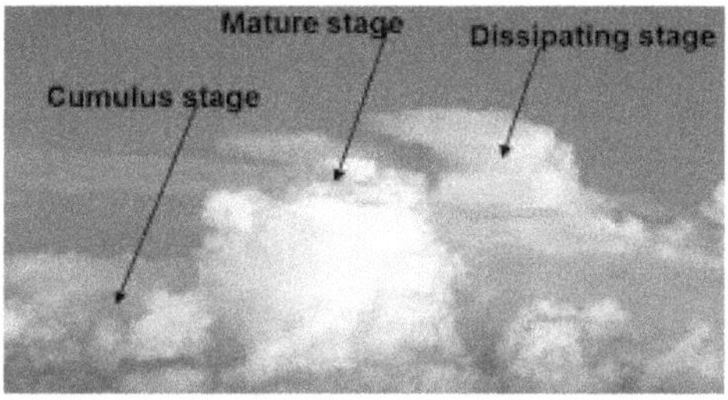

Las tres etapas del ciclo de vida de una tormenta eléctrica de una sola celda se ilustran a continuación. Las líneas discontinuas verticales indican los límites del aire frío que descienden con el eje de lluvia. Las líneas discontinuas horizontales indican el nivel de congelación.

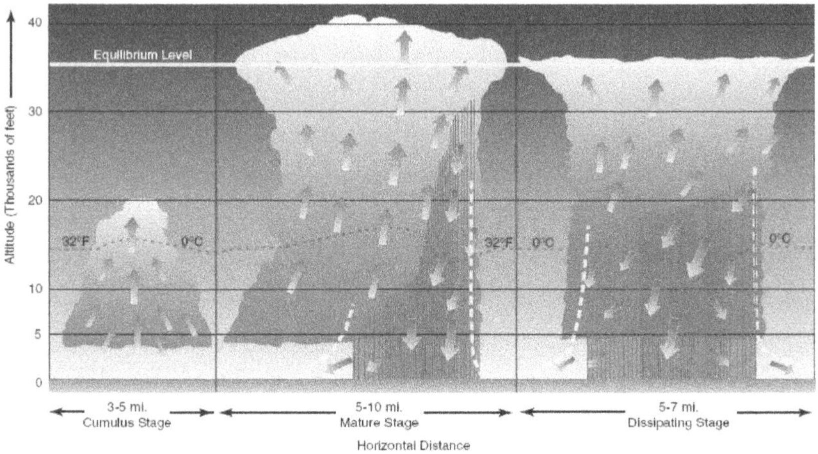

Es prácticamente imposible detectar visualmente la transición de una etapa a otra; la transición es sutil y de ninguna manera abrupta. Además, una tormenta eléctrica puede ser un grupo de células en diferentes etapas del ciclo de vida.

Etapa inicial: Se caracteriza por fuertes corrientes ascendentes y por el rápido crecimiento, tanto horizontal como vertical, de una nube de cúmulos. Las fuertes corrientes ascendentes producen nubes de gran extensión vertical, ya que el aire se introduce en la nube desde abajo y desde los lados.

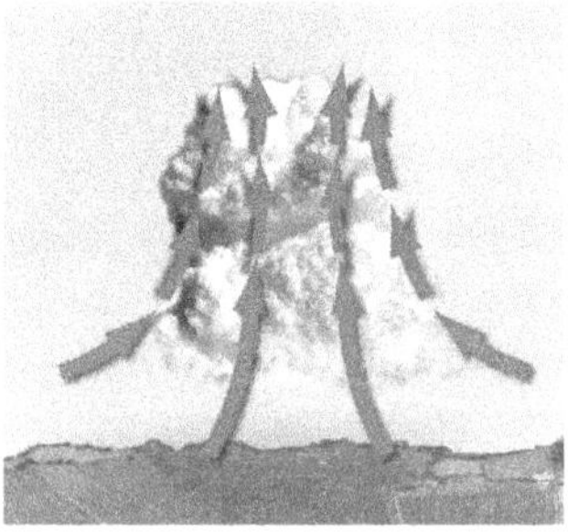

Esta etapa inicial suele durar unos 20 minutos y puede producir una nube de hasta 5 millas de ancho y 25.000 pies de alto. El cúmulo de rápido desarrollo a menudo se llama cúmulo congestus o cúmulo imponente. Al principio de la etapa de cúmulo, las gotas de agua son bastante pequeñas, pero crecen hasta el tamaño de una gota de lluvia a medida que crece la nube. El aire transporta el agua líquida por encima del nivel de congelación, lo que crea un peligro de engelamiento. A medida que las gotas de lluvia se vuelven aún más pesadas, caen. La lluvia fría arrastra el aire con ella creando una corriente descendente fría que coexiste con la corriente ascendente; la célula ha alcanzado la etapa madura.

Etapa de maduración: La precipitación que comienza a caer de la base de nubes, dando la señal de que se ha desarrollado una corriente descendente y una célula ha entrado en la etapa madura. La lluvia fría en la corriente descendente retrasa el calentamiento por compresión, y la corriente descendente permanece más fría que el aire circundante. Por lo tanto, su velocidad descendente se acelera y puede superar los 2500 pies por minuto. El aire descendente se extiende hacia afuera en la superficie produciendo vientos superficiales fuertes, una fuerte caída de la temperatura y un rápido aumento de la presión.

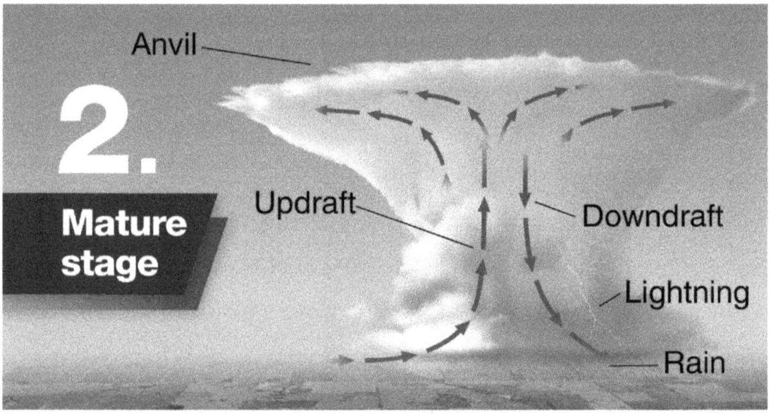

Mientras tanto, las corrientes ascendentes alcanzan un máximo con velocidades que posiblemente superan los 6000 pies por minuto. Las corrientes ascendentes y descendentes en estrecha proximidad crean una fuerte ráfaga vertical y un entorno muy turbulento. Todos los peligros de la tormenta eléctrica alcanzan su mayor intensidad durante la etapa madura.

Las partículas ascendentes y descendentes de lluvia, granizo y nieve provocan una acumulación de electricidad estática dentro del cumulonimbus. La parte superior del cumulonimbus se carga positivamente mientras que la parte inferior se carga negativamente. La carga negativa en la base del cumulonimbus induce una carga positiva en la superficie de la Tierra debajo de la base de nubes.

La parte superior de la célula madura, a menudo llega a la estratosfera inferior. La nube cumulonimbus característica de esta etapa, se identifica fácilmente por la apariencia de su parte superior. La parte más alta de la nube desarrolla un aspecto cirrúforme debido a las temperaturas muy frías y a la fuerte estabilidad de la estratosfera. Los movimientos verticales se amortiguan y la nube se extiende horizontalmente, formando finalmente la conocida forma de yunque. Cuando se forma la parte superior del yunque, apunta en la dirección de los vientos en la parte superior de la tormenta eléctrica. Esta es la dirección en la que se mueve la tormenta.

En las tormentas de base alt, se producen rayos y truenos, pero la precipitación a menudo se evapora antes de llegar al suelo. En este caso, solo se observa un velo de precipitación conocido como VIRGA inmediatamente debajo de la base nublada. La combinación de rayos y vientos, en ausencia de precipitaciones, es a menudo una causa de incendios forestales. Además, a pesar de la falta de lluvia, la corriente descendente y los vientos asociados todavía pueden producir peligros para el vuelo, como fuertes corrientes descendente y turbulencias.

Etapa de disipación: La etapa de disipación comienza a medida que la parte superior del yunque se forma completamente. La etapa de disipación se caracteriza predominantemente por corrientes descendente. Sin embargo, las corrientes ascendentes todavía pueden prevalecer en la cima del cumulonimbus, alimentando el yunque en crecimiento. Las precipitaciones en esta etapa suelen ser pesadas, pero más generalizadas y menos intensas que en la etapa madura.

Las precipitaciones y las corrientes descendentes se extienden por los niveles inferiores de la célula de tormenta eléctrica, cortando la corriente ascendente. Dado que la fuente de energía para el crecimiento de las tormentas eléctricas es el suministro de calor y humedad de la capa superficial, el corte de la corriente ascendente significa el final de la tormenta.

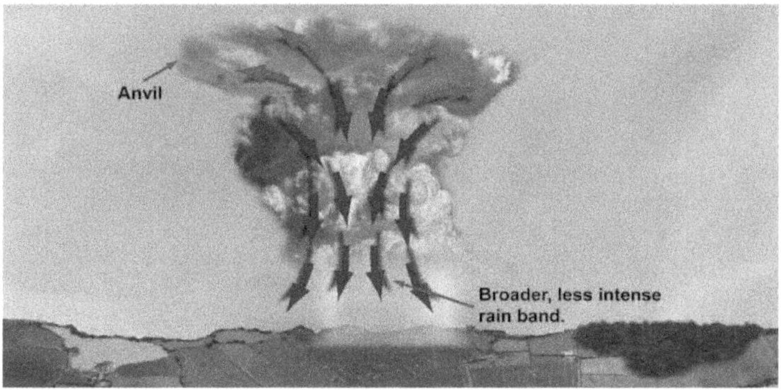

Sin fuente de humedad, la precipitación disminuye y toda la nube de tormentas eléctricas adquiere una apariencia estratiforme, disipándose gradualmente. Debido a que la parte superior del yunque es una nube de hielo, a menudo dura más que el resto de la célula. Aunque la vida útil típica de una tormenta eléctrica de una sola celda es inferior a una hora, es probable es que existan tormentas eléctricas que duren mucho más. ¿Cómo puede ser esto? En tales casos, la explicación es que en realidad el piloto está observando una tormenta eléctrica multicelular o una tormenta eléctrica supercelular, que duran más y afectan a áreas más grandes que una tormenta eléctrica de masa de aire.

La etapa de disipación puede durar entre 1.5 horas y 2.5 horas, tiempo durante el cual pueden seguir produciéndose relámpagos y truenos. Las tormentas eléctricas aisladas, aunque en ocasiones bastante grandes, no duran mucho, ya que las severas corrientes descendente que acompañan a la precipitación suprimen las corrientes ascendentes necesarias para mantener la nube. Las tormentas eléctricas aisladas, comienzan a disiparse una vez que comienza la precipitación.

Capítulo 6

Factores humanos en la cabina

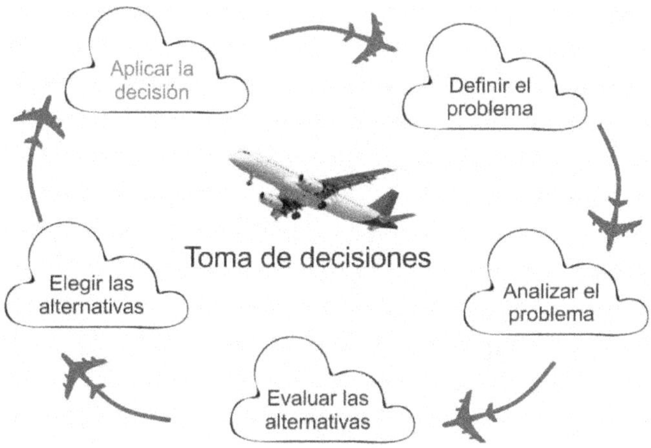

Aviation Bookstore
aviation step by step

Aviation Bookstore
aviation step by step

Introducción

En el transcurso de las páginas se ha hablado mucho de la conciencia situacional y la toma de decisión ante situaciones normales y anormales de vuelo. En este capítulo final analizaremos a estos dos conceptos, con el fin de comprender como funcionan en la mente humana y en el día a día de las operaciones de vuelo.

Conciencia situacional

La conciencia situacional, en adelante CS, se define como "*La percepción correcta y continua tanto de las variables del vuelo como de uno mismo*". También puede definirse como una representación mental y comprensión de los objetos, eventos, individuos, estado del contexto operacional, interacciones, como cualquier otro tipo de factor del medioambiente de desempeño, que pueda afectar el desarrollo de las tareas. Un concepto básico para la toma de decisiones como para el rendimiento general del mismo piloto. La verdadera CS incluye algo más que el mero permanecer alerta a diferentes estímulos aislados. La CS, también requiere un nivel de entendimiento y comprensión de esos estímulos y una proyección de la situación en un futuro inmediato.

A través del análisis del siguiente gráfico, puede apreciarse que la CS parte de un estado general o global, pasando por tres niveles antes de tomar una decisión previa a la acción:

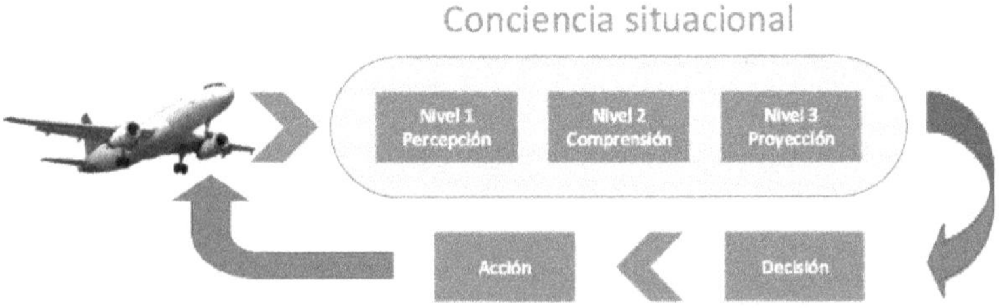

Nivel 1: desarrolla la percepción de los elementos que abarcan el contexto del vuelo, ya sean elementos específicos como lo son el avión, el clima, el aeródromo, o bien elementos emocionales, los cuales son un poco más complejo de percibir en una situación de vuelo, como ser: fatiga, expectativas, presiones laborales.

Nivel 2: en esta etapa la CS trata de hace una síntesis de todos los elementos percibidos en el nivel 1, dándoles un sentido lógico que permita un avance al nivel 3.

Nivel 3: por último y previo a la toma de decisión, se encuentra la proyección de lo que pueda suceder en el futuro inmediato. Esta etapa suele ser la más crítica, ya que en un contexto de vuelo donde el avión se desplaza a una velocidad elevada, hace que el tiempo de proyección sea cada vez más escaso, lo que requerirá tomar una decisión rápida y precisa.

Toma de decisiones en la cabina de vuelo

La toma de decisiones es el proceso mediante el cual se realiza una elección entre las opciones o formas para resolver diferentes situaciones de la vida en diferentes contextos: a nivel laboral, familiar, personal o sentimental. En otros términos se define como "*un proceso de definición de problemas, recopilación de datos, generación de alternativas y selección de un curso de acción*".

La toma de decisiones es un proceso complejo, no solo es el acto de escoger entre opciones. Incluso en algo tan sencillo como decidir dónde comer, uno hace más que escoger entre hamburguesas o pizza. Es cierto que uno no pasa mucho tiempo tomando una decisión sobre la comida, pero de cualquier manera se pasa por el proceso al elegir.

¿En qué consiste el proceso de tomar decisiones?

El proceso, comienza por definir el problema o situación a resolver, encontrando el nivel de gravedad adecuada. Cabe destacar que una errónea identificación de un problema, llevaría a un erróneo desarrollo de proceso de toma de decisión en todas sus fases, por basarse éstas, en información equivocada.

Una vez definido el problema, se busca un análisis del mismo, evaluando el impacto que podría tener en un futuro cercado si no se toman acciones correctivas. Luego del análisis del problema, se evalúan las posibles alternativas en base al criterio de operación de la tripulación, quienes para elegir una de las opciones, evaluarán detalladamente cada alternativa con sus ventajas y desventajas, teniendo en cuenta el estado actual del problema a resolver.

Con las alternativas ya evaluadas, la tripulación se decide por la que ellos creen más adecuada según sus posibilidades técnicas y emocionales.

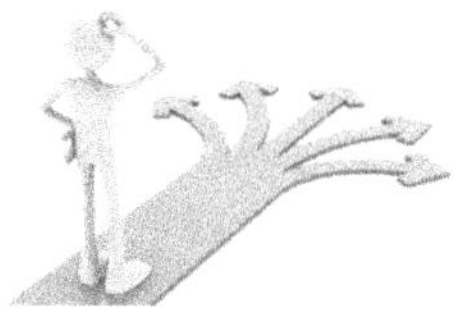

Por último, llevamos a cabo la acción elegida. Este es el punto donde ya no hay retorno. Una vez tomada la decisión, debemos continuar con la misma, confiando en todo el análisis previo y omitir todas las posibles dudas que puedan surgir.

Ante situaciones extremas, nuestra mente nos juega una mala pasada, poniendo en duda lo que nosotros mismos llegamos a razonar.

Veamos este tema con un ejemplo más aeronáutico para lograr entender en puede afectarnos o favorecernos este proceso. Imaginemos el siguiente escenario:

Nos encontramos volando a una altitud de 5000 ft y en la etapa de vuelo crucero. Estamos próximos a llegar a nuestro ETP (*equal time point*), para los que no lo conocen es el punto justo de nuestra navegación donde nos tomaría el mismo tiempo llegar al destino o volver al aeródromo de salida. Todo marcha según lo planeado y repentinamente, luego de un fuerte ruido, se detiene el motor derecho de nuestra aeronave.

Enumerando cada paso del proceso de toma de decisión, veamos qué sucedería en este caso en particular:

1) Definir el Problema: aquí el problema no es solo la falla del motor derecho, sino también las futuras variables operacionales que pueden presentarse ante la falta de empuje de uno de los motores. Por tal razón, podríamos definir el problema como "Perdida de potencia y posibles inconvenientes para operar los sistemas del avión".

2) Analizar el Problema: intentar descubrir la causa de la pérdida de potencia que sufrimos al detenerse el avión. ¿Se produjo una falla en la alimentación de combustible? ¿Hubo una falla en algún componente mecánico? ¿Se presentó un fallo de operación por parte de la tripulación? ¿Hubo factores externos (ingesta de aves o condiciones meteorológicas de formación de hielo)? ¿Cuál es la correcta acción o decisión? ¿Cuál descartamos? ¿Es una sola causa o pueden ser varias? Respuestas y las respuestas que nos aclaren un poco el panorama de lo que está sucediendo. En este ejemplo, supongamos que, todos los parámetros del motor estaban correctos y no existieron factores externos ni error de la tripulación. También supongamos que la novedad se presentó debido a una falla de la alimentación de combustible, ya que al observar los indicadores, notamos que el indicador derecho está vacío, y al mirar por la ventana alcanzamos a ver una pérdida de combustible sobre el plano o ala derecha. Por tal motivo, es que asumimos que el motor funciona perfectamente pero el avión está sufriendo una pérdida de combustible, lo cual hizo detener el motor.

3) Evaluar las Alternativas: al intentar evaluar las alternativas, debemos tener en cuenta todos los factores que puedan afectar a cada una de ellas. Podríamos intentar encender el motor con una alimentación cruzada de combustible, aunque desconocemos de donde proviene la perdida de combustible y existe la posibilidad de que al transferir el mismo desde el otro tanque, la perdida continúe y sigamos derramando combustible. Podemos descender en el aeródromo más próximo de nuestra ruta, considerando que las condiciones meteorológicas son aceptables. Podemos continuar con el vuelo y sus correspondientes restricciones por tener un motor detenido y analizar la posibilidad de volver al aeródromo de origen ya que aún no pasamos el ETP. Podemos intentar hacer varias de las opciones al mismo tiempo.

4) Elegir la Alternativa: para este caso en particular vamos a descartar el intento de encendido con alimentación cruzada, ya que como mencionamos, no sabemos dónde está ubicada la pérdida de combustible; e intentar pasar combustible de un motor a otro sería de extremo riesgo ya que podríamos tirar el único combustible que nos queda para aterrizar. Continuar el vuelo normalmente con sus respectivas restricciones no sería una opción a descartar, ya que existen procedimientos para tal fin. Pero en este caso, optaremos por la opción más conservadora y buscaremos el aeródromo más cercano para realizar una aproximación con un solo motor y aterrizar lo antes posible.

5) Aplicar la Decisión: con la decisión aterrizar de inmediato, seguimos los pasos para asegurar una aproximación segura. Por lo tanto, buscamos el aeródromo más apto en cuanto a distancia e instalaciones del lugar. No siempre el mejor aeródromo es el más cercano, puede darse el caso donde tengamos que elegir entre dos aeródromos, uno ubicado a 5 minutos, con pista de césped, sin control de tránsito ni asistencia y retirado de la ciudad; y el otro, ubicado a 15 minutos, dos pistas asfaltadas, control de tránsito aéreo, servicios de asistencia médica y bomberos. Durante estos dos casos en particular, esos 10 minutos de diferencia, pueden propiciar una difícil decisión. Ambas opciones pueden servir, pero considerando que el avión funciona correctamente, que contamos con el suficiente combustible y que no es una emergencia médica, la opción más aceptable en este caso, será volar 15 minutos hasta el aeródromo con mayor cantidad de servicios.

Existen situaciones en las que tomar una decisión puede resultar tan complejo y peligroso que, la mente del ser humano tiende a perder lentamente la razón y optar por el aeródromo más cercano por temor a quedarse sin combustible.

Las únicas herramientas que tenemos a nuestro alcance son los procedimientos y cálculos ya establecidos en el manual, donde el fabricante ha detallado, el consumo con uno o ambos motores, el perfil de descenso óptimo, el rango del planeo sin potencia. Todos ellos son cálculos y procedimientos desarrollados y analizados para situaciones donde se requiere ayuda externa en la toma de decisión en todas sus fases, por basarse éstas, en información equivocada.

Una vez definido el problema, se busca un análisis del mismo, donde se evalúa el impacto que podría tener en un futuro cercano la elección de una acción incorrecta. Luego del análisis del problema, se evalúan las posibles alternativas en base al criterio de operación de la tripulación, quienes para elegir una de las opciones, valorarán detalladamente cada alternativa con sus ventajas y desventajas, teniendo en cuenta el estado actual del problema a resolver. Una vez que fueron evaluadas las alternativas, la tripulación decide por la que ellos creen, más adecuada, según sus posibilidades técnicas y emocionales.

Por último, se lleva a cabo la acción elegida. Este es el punto donde ya no hay retorno, la decisión fue tomada. A partir de este punto, es necesario continuar con la postura adoptada, confiando en todo el análisis previo y omitir todas las posibles dudas que puedan surgir ante situaciones extremas.

Gestión del Riesgo

Como profesionales de la aviación, convivimos con riesgos en todo momento que ejercemos esta actividad. Como seres humanos padecemos la misma situación, pero con la salvedad que podemos evitar un riesgo sin pensarlo ni analizarlo, solo evitando continuar con una determinada situación. En cambio, como pilotos profesionales nos vemos en la necesidad de afrontar ciertos riesgos para llevar a cabo nuestras tareas. Partiendo de la base de que el vuelo es una situación de riesgo en sí misma, convierte a nuestro hábitat laboral en una situación continuamente riesgosa y es por tal motivo que se han desarrollado sistemas de gestión o control de riego.

Cada piloto conoce o debería conocer sus propios límites y los de la aeronave que opera. Pero en ciertas circunstancias se sobrepasan esos límites por haber realizado una mala interpretación del riesgo que decidimos asumir. Para evitar estas situaciones se han creado sistemas de gestión y manejo del riesgo en la aviación.

La Administración del riesgo operacional permite visualizar a tiempo los peligros, para poder administrar los riesgos y tal vez, generar la conciencia situacional necesaria para no ir a volar a ciegas, solo confiando en que si algo pasa, estemos listos para actuar. Este sencillo método consta de cinco pasos muy útiles, veamos:

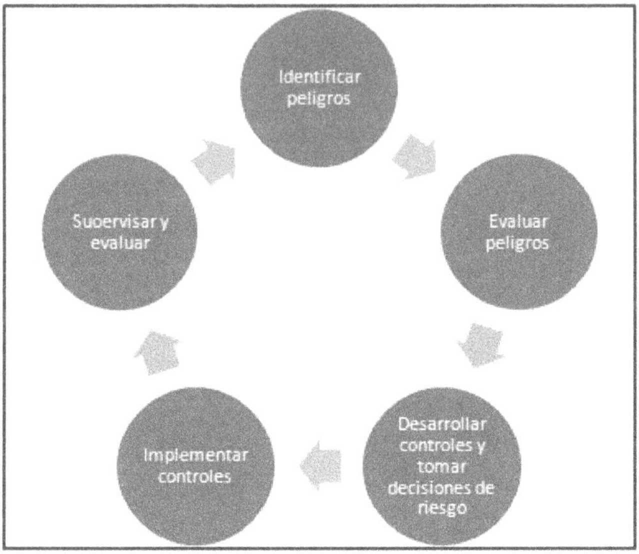

Identificar Peligros

Realizar un análisis operacional. Esto implica hacer una descripción de los eventos que se espera ocurran durante la operación; si es necesario, es viable dividirla en sub/elementos y completar un análisis preliminar de los peligros, al final es importante mencionar los distintos peligros que podrían resultar en accidentes o incidentes.

Veamos ejemplo: imaginémonos que vamos a volar hacia un aeropuerto de altura como el de la ciudad de Salta (Argentina) por ejemplo, en época lluviosa, donde generalmente la adrenalina fluye por montones cuando aproximamos sabiendo que estamos entre montañas, que nuestros motores no responden como quisiéramos y que debemos hacer todo con la mayor precisión posible.

Lo más seguro es que lo primero que vamos a considerar frente a esta tarea operacional es preguntarnos: ¿Con quién volaremos? ¿Estará habilitado? ¿O actualizado? ¿Cómo estarán las condiciones meteorológicas? ¿Cómo estarán nuestros equipos? ¿Tenemos el radar disponible? ¿Estará la pista contaminada? Y muchas otras preguntas que requieren respuestas.

A ese efecto entonces, hagamos lo recomendado: un listado de todo lo que se supone haremos, paso a paso y vamos revisando esas preguntas, lo más seguro es que al final del proceso, tendremos no solo respuestas, sino que habrá más claridad en aquellos peligros que deban ser administrados.

Evaluar los peligros

Evaluar el impacto de cada peligro en términos de probabilidad y severidad. La evaluación en esos términos permite convertirlos en riesgos que ahora deben ser administrados.

De cada peligro encontrado, al considerarlo en términos de cuan probable es que suceda y si ocurre cuales serían las consecuencias, tendremos una mejor idea de que es lo que hay que hacer si es que algo de esto aparece, tendremos incluso una razón lógica para abortar la misión. Por ejemplo, si un aeropuerto está sin el sistema ALS (approach lighting system), estaremos obligados a realizar una aproximación visual de noche y sin ayudas visuales.

Esta operación podría darnos errores aceptables. Sumado a ello, si las condiciones meteorológicas no son adecuadas, es factible que se presente un accidente CFIT (*Control Flight Into Terrain*). El resultado sería catastrófico y no solo tendrá un impacto negativo en la operación sino también a futuro en la empresa o institución … entonces, aterrizar en este aeropuerto ¿será una decisión correcta? ¿Qué definiría aterrizar o no? ¿Quién toma la decisión? ¿Qué hacemos?

Con el fin de poder evaluar todas las variables y definir el nivel de riesgo de una situación, se han creado matrices de análisis y cuantificación del riesgo, en función de la probabilidad de que un evento suceda y a las consecuencias que podría tener.

		PROBABILIDAD				
		Raro	Poco probable	Posible	Muy probable	Casi seguro
CONSECUENCIAS	Despreciable	Bajo	Bajo	Bajo	Medio	Medio
	Menores	Bajo	Bajo	Medio	Medio	Medio
	Moderadas	Medio	Medio	Medio	Alto	Alto
	Mayores	Medio	Medio	Alto	Alto	Muy alto
	Catastróficas	Medio	Alto	Alto	Muy alto	Muy alto

Analizando el gráfico, podemos suponer que una situación sería de BAJO, MEDIO, ALTO o MUY ALTO riesgo, y con base a este resultado, actuar en consecuencia tomando todas las medidas de seguridad que se crean necesarias. Veamos un ejemplo:

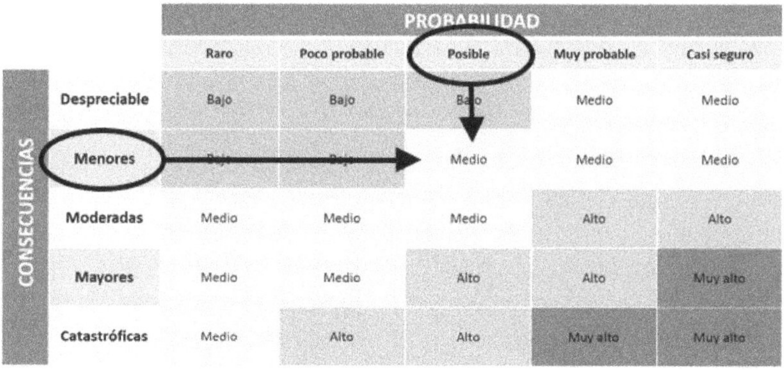

CONSECUENCIAS / PROBABILIDAD	Raro	Poco probable	Posible	Muy probable	Casi seguro
Despreciable	Bajo	Bajo	Bajo	Medio	Medio
Menores	Bajo	Bajo	Medio	Medio	Medio
Moderadas	Medio	Medio	Medio	Alto	Alto
Mayores	Medio	Medio	Alto	Alto	Muy alto
Catastróficas	Medio	Alto	Alto	Muy alto	Muy alto

Volviendo al ejemplo del ALS del aeropuerto, evaluamos la posibilidad de que el sistema ALS del aeropuerto permanezca fuera de servicio y lo consideramos POSIBLE.

Luego evaluamos las consecuencias que podría tener la operación y la consideramos MENORES. Uniendo estas dos variables consideramos que volar hacia este aeropuerto e intentar un aterrizaje presenta un RIESGO MEDIO.

Es importante mencionar que todas las variables podrían cambiar de un segundo a otro, por ejemplo, las condiciones meteorológicas. Estos cambios podrían restringir aún mas a la operación, aumentando el nivel de riesgo de la matriz.

Por otra parte, el resultado es solo una estadística que, si bien cumple su función, no determina si una operación resultará segura o no. Solo analiza un grupo de variables, y en función a ellas, dicta un veredicto.

Aviation Bookstore
aviation step by step

Aviation Bookstore
aviation step by step

www.ingramcontent.com/pod-product-compliance
Lightning Source LLC
LaVergne TN
LVHW051926051126
851857LV00020B/2045

* 9 7 9 8 2 4 0 8 7 8 2 1 3 *